ねこにかまってもらう究極のツボ♡

ねこの気持ち研究会［編］

青春出版社

What's up?

ねこがいる生活。

それだけでじゅうぶん幸せなのは、わかってます。
あなたを見ているだけで幸せです。

だけど、もうちょっとだけ
かまってもらっても、いいですか…？

はじめに――

ねことの距離をもっと縮めたいあなたへ

ねこという動物は、いちど付き合い始めたら最後、ねこなしの生活など考えられなくなってしまうもの。

気まぐれでわがまま、気位が高くちょっと謎めいているのに、ときどき見せるおバカな素顔や、たまに甘えてくるときのかわいさといったら……罪深いことこの上なし！

ところがこっちが愛情をいっぱい注いでいるつもりでも、ねこのほうはどうでもいいような顔をして、マイペースをなかなかくずそうとしない。

ねこの気持ちをもっと理解したい、そしてもっと幸せにしてあげたい。

ねことの関係をいま以上に深めたい、そして何より、ねこにもう少しだけかまってほしい……と願っている人はたくさんいるはず。

本書はそんな人に向けて〝ねこにかまってもらえる飼い主〟になるために必要なエッセンスをまとめた。

読み進める中で、ねこの気持ちを知る方法、手入れやしつけのコツ、食事や健康管理で大事なこと……など、ねこの飼い主として知っておきたい知識や裏ワザも身に付くようになっている。

言うまでもないが、ねこの喜びは、飼い主のあなた自身の喜びだ。

長年ねこを飼っている人も、これから飼おうという「ねこ初心者」も、この本を存分に役立てて、ねこと一緒に楽しく幸せに暮らしてほしいと思う。

ねこにかまってもらう究極のツボ♡　目次

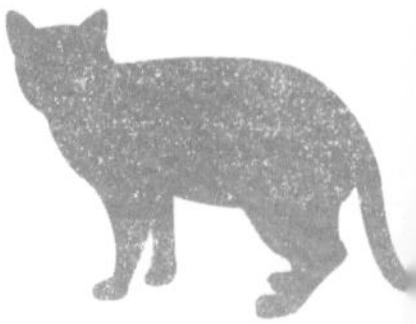

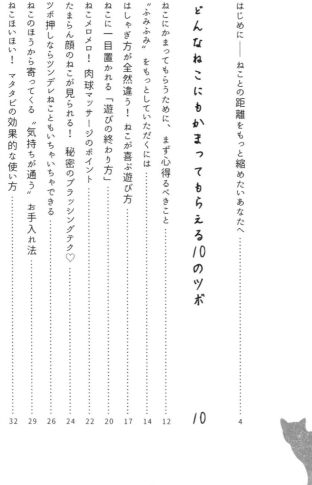

第2章

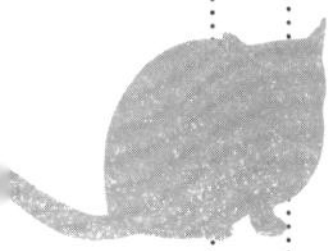

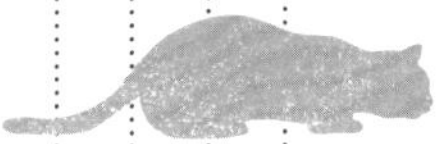

第3章

ねこにお願いを聞いてもらう10のツボ 82

第4章

ねこが快適に暮らせる部屋づくり8のツボ 110

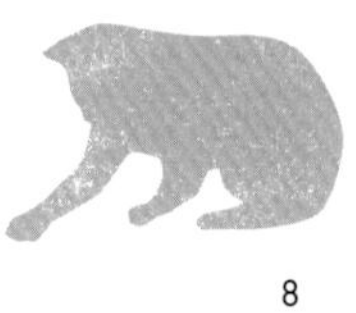

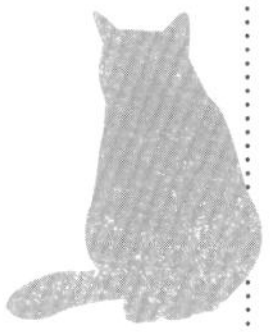

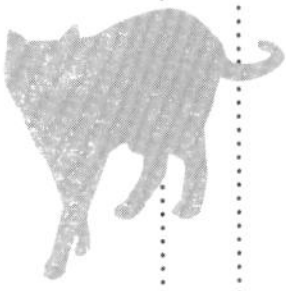

第1章

どんなねこにもかまってもらえる10のツボ

ねこにかまってもらうために、まず心得るべきこと

ねこは気まぐれ、そして基本的にわがままな生きもの。

人に飼われる身でありながら、犬のように飼い主と主従関係をつくるのを好まないので、飼い主のことばを理解しようとか、飼い主のご機嫌をとろうなんて気もさらさらないみたいに見える。

そのくせ、不意に甘えてひざの上に乗ってきたり、こちらが落ち込んでいるとき、そっと無言ですり寄ってきたりするからたまらない。

飼い主側とすれば、そんなツンデレねこの気持ちをもっと理解し、心を通じ合わせたいと願っているものだ。

もちろん、ねこはねこで必要なときはちゃんと飼い主に意思表示をしている。

ねこの気持ちは「しぐさ」や「鳴き方」に表れる。とくに鳴き声をあげるのは、ねこの側からコミュニケーションをとろうとしている貴重な瞬間でもある。

しかし、「うちのねこはあんまり鳴かないんだ……」とか「名前を呼んでも返事もしてくれない」という人も多い。「かわいい声でもっとなついてくれたら嬉しいのになぁ」と思っている人は、ねことの接し方をこんなふうに変えてみよう。

それは単純なこと。

ねこがひと声鳴いたら、めんどうくさがらずにちゃんと返事をしてあげるのだ。

「ニャン」「なーに？ どうしたの？」

「ニャニャーン」「ゴハンほしいの？ もうおなか空いたの？」

「フニャア」「ちがうの？ ああ遊んでほしいのか」

という具合に、鳴き声にはやさしくことばを返して反応してやり、ゴハンや遊びの欲求にも応えてあげること。

ねこも、鳴いたらちゃんと反応してくれる相手、つまりかまってくれる相手には、より多くコミュニケーションをとろうとする。逆に、鳴いても応えてくれず放っておかれる相手だとわかると、「鳴いてもムダだニャ」と判断して、鳴いて寄ってきたり甘えることもしなくなってくるのだ。ねこにかまってもらいたければ、まず、ねこの声にきちんと応えること。「かまってほしい」だけではだめなのである。

〝ふみふみ〟をもっとしていただくには

ねこが胸やおなかに乗って前足をふみふみするアレ、といったらねこ好きな人はすぐピンとくるだろう。

俗に「ふみふみ」とか「もみもみ」「ねこあんま」などと呼ばれる、前足をグーパーさせながら交互に押しつけてくる動作のことだ。

ねこ好きにとってはたまらなくかわいいしぐさのひとつで、ねこにこれをやられてすっかり母親のような気持ちになり、〝愛の奴隷〟と化してしまう人は多い……。

このふみふみ行為は、子ねこが母ねこのオッパイを飲ませてもらうときの動作と一緒で、手をグーパーのように開閉させるのはお乳を交互に押しながらオッパイの出をよくするためのもの。

つまり、ふみふみを始めるのはオッパイを欲しがるような〝子ねこモード〟になっていて、飼い主に甘えたい気分のときなのだ。

ふみふみは子ねこのうちだけでなく、人間でいえば大人の年齢になったねこもやるし、かなり高齢になってもやるねこもいる。
自然界では子ねこがある時期にくると母ねこが強制的に〝親離れ〟させるが、飼いねこで、本来の離乳期よりも早く母ねこから離されると、子ねこ時代の記憶がずっと残り、大人になってからも母ねこを求めるような行為をときどきくり返すのである。

ねこによっては、毎朝飼い主の胸をふみふみして起こしたり、だっこされて眠くなってきたときに始めたりする。年に数回だけ思い出したようにするねこもいるし、人にではなく毛布や布団をせっせとふみふみするねこもいる。

あの前足の感触が好きで、「もっとふみふみしてくれないかなぁ」と思っている人は、母ねこの「あったかくて柔らかい、ちょっとたぷたぷしたおなか」と似た感触のものを用意するといい。厚手のフリースや柔らかくてぬくぬくのアクリル毛布などは効果的。もちろんやってくれるかどうかはねこ次第だが、あとはやさしく接して、母ねことの甘い記憶がよみがえるようなおだやかな時間をつくろう。

はしゃぎ方が全然違う！ねこが喜ぶ遊び方

子ねこは、放っておいてもひとりでよく遊ぶが、成ねこになると遊びにもそれなりの工夫とテクニックが必要になる。

ねこじゃらしを単純にひらひらさせているだけではすぐ飽きられてしまうし、遊ばせ方がワンパターンだと、遊び相手として〝退屈なやつ〟と思われてしまい、誘っても遊びに乗ってくれなくなりがちだ。「うちのねこはあんまり遊ばないの」という人は、じつは本人の遊ばせ方に工夫と修行が足りないのかもしれない。

ねこ用の遊びグッズの多くは、狩りの疑似体験をすることで興奮や刺激を味わえるようにつくられている。多種多様なタイプが市販されているので、愛ねこがふだんどんなものや動きに興味を持つのか観察し、それに合わせたグッズを用意しよう。

そして遊ぶときは、おもちゃの使い方・動かし方を工夫しながら、本気で一緒に遊ぶことが大事。「ねこにかまってもらえる飼い主」としては、ねこの狩猟本能を刺激し、ドキドキワクワクさせるノウハウとして、ざっと次のような動きはマスターしておきたい。

● ササッと床を動いては停止する。動いては止まり、ものかげに隠れる。

● テーブルの端などからチラチラ姿が見え隠れする。左右に揺れながら遠ざかる。

● 壁際をカサコソ音を立てて移動する。壁をジグザグに這《は》っていく。

● 頭上をひらひら舞う。頭上を飛んで、近づいたり遠ざかったりする……など。

つまり、ネズミなどの小動物、昆虫類、トカゲ、チョウチョ、小鳥などを思わせる動きはねこにとってたまらなく刺激的なのだ。応用としては、ヒモの先に布やおもちゃをつけて引きずりながら階段を上り下りしたり、毛布の下で手や足をモグラのように動かしたりするのもいい。人間が横着して遊べる方法としては、暗い部屋で懐中電灯やペンライトの光を壁に向け、上下左右に動かして追いかけさせる遊びも効果的。浴室限定だが、ドアのすりガラス越しにシャワーのお湯を動かしながらかけると、前足で追いまくって遊んでくれる。

ねこが喜ぶ遊びは、ねこのストレスや運動不足を解消するだけでなく、ねこにたくさんかまってもらえる大事な機会。存分に楽しみたいものだ。

ねこに一目置かれる「遊びの終わり方」

ねこの遊びの多くは「狩り」の代わりで、狩猟本能と関係している。ねこにとっての遊びは、狩りのワクワクするような興奮と刺激をもたらしてくれる楽しみでもあるのだ。実際、若くて健康なねこはよく遊ぶし、遊ぶときはすぐ本気になって、ねこじゃらしやおもちゃを夢中で追いかけまわす。ところが、いま喜んで遊んでいたかと思うと、急に興味をなくしたようにしゃがんでお尻をなめ始めたり、別の場所に移動したりすることがある。ねこは調子に乗りやすいが、飽きるのも早いのだ。

これはどうも野生のときの「狩り」の習性と関係があるらしい。待ち伏せ型のハンターであるねこは、獲物を襲うときはじっと身を潜《ひそ》めて一撃必殺に集中する。不意を襲うから成功率も高いが、万一失敗すると獲物の鳥や小動物はすぐ逃げてしまい、追ってもムダなことが多い。

うまくいかないときは、執着して体力を使うより、切り替えて次のチャンスを待つほうがいいわけだ。つまり、ねこは優秀なハンターだが、取り逃がしたときは未練を残さずあきらめも早い。

そこから、いざというときの集中力はあるが、その集中は長く続かないというねこの気質がつくられ、「すぐ夢中になるくせに飽きっぽい」などといわれるねこ型性格ができあがったようである。

ただ、遊びの途中放棄は、飽きたのか、それともあきらめたのか判断がつかないことがある。あきらめたのであれば、遊びなりの達成感を得られずねこにはモヤモヤしたものがストレスとして残ってしまう。

ねこじゃらしやヒモに付いたおもちゃに喜び、興奮するのは、狩りのときの「動くものを追いかける・狙う・捕まえる・トドメをさす」などの疑似体験ができるから。だから、ねこにストレスを残さないためには、最後に獲物を捕まえてトドメをさしたつもりにさせてやるのがいい。

最後は、おもちゃをねこの自由にさせ、かみつこうが、ねこキックで思う存分いたぶろうが自由にさせてやろう。「さんざん手こずらせやがって、ついにやっつけたゾ」という満足感を得られれば、機嫌よく遊びが終わるのである。

ねこメロメロ！肉球マッサージのポイント

ねこの足の裏にある肉球は、ねこ好きにはたまらないパーツのひとつだ。体を投げ出して寝ているときなど思わずさわりたくなる人も多いだろう。

肉球（パット）は足のクッションや滑り止めの役割をしており、忍び足で音を立てずに移動できるのもこのおかげ。汗腺があるので、興奮や緊張によって汗ばむことがある。

この肉球、さわっているだけでなごむという飼い主が多いが、ねこのほうも気持ちよくさせるマッサージがある。人の足の裏同様、ねこの肉球にもさまざまなツボがあり、刺激してやると全身の血行がよくなり、心臓や腸の働きを活発にして体調を整える効果があるそうだ。

やり方は簡単。まずねこの足を持って、最初は甲の側を親指のはらで回すような感じで5～6回押す。次に肉球の側を同様に5～6回押す。押すというより「強め

にもむ」感覚でいい。次は、肉球を3本の指でつまんでは軽く引いてやる。まさに「ぷにぷに」の感覚でひとつまみ1秒を5〜6回くり返す。

最後に、ねこの足指の間に人さし指と中指を通す。これを足指ぜんぶで行う。指の間を広げてまんべんなく刺激してやるわけだ。この手順で前後の足すべてのマッサージをやってみよう。

力を入れすぎないようにやさしい気持ちでやってあげること。ねこの反応はいろいろだが、前足が終わる頃にはうっとりしてトロトロの状態で身をまかせるねこもいる。ただし肉球をいじられるのを嫌うねこには無理しないように。

たまらん顔のねこが見られる！秘密のブラッシングテク♡

指や手のひらをなめられるとわかるが、ねこの舌には糸《し》状乳頭《じょうにゅうとう》というトゲ状の突起物があり、ザラザラしている。

この舌の突起が、毛づくろい（グルーミング）では汚れや抜け毛を取り、狩りでは獲物の肉を骨からこそげるのに役立つわけだ。

自分で毛づくろいできない子ねこは、母ねこのこのザラザラした舌でグルーミングしてもらい、安心して育つわけである。

では、この舌の感触に似たものというと……？

意外にも洗面所にあった。そう、歯ブラシなのだ。

これを利用して、ねこを気持ちよくさせる〝母ねこの舌のつもり〟のブラッシングができるのでぜひ試してみてほしい。

歯ブラシは使用済みのものでいいが、ミント系の歯磨き粉のにおいが付いているとねこは嫌うので、よく洗って乾燥させてから使う。サイズや毛質はなんでもいい。

初めに歯ブラシに慣れさせるために、においを嗅がせよう。警戒しなくなったら、歯ブラシで口の周りを軽くなでて、におい付けをする。あとは早速、歯ブラシで〝母ねこブラッシング〟を開始。母ねこが子どもをなめているつもりで、顔周りを中心にやさしく愛撫しよう。とくに喜ぶのはおでこ、耳の後ろ、あごの下、ほっぺなど。背中やわき腹も気持ちがいいらしい。

これは動物病院でも推奨している方法で、ほとんどのねこが喜ぶし、母ねこの記憶がよみがえるのか、ゴロゴロいいながらおなかを出してひっくり返るねこもいる。

歯ブラシに思いきり頬ずりしてくるねこもいるので、先端でねこの目を突かないようにだけ注意しよう。

ツボ押しならツンデレねことも
いちゃいちゃできる

疲れがたまったり不調を感じたとき、体のツボを指圧したり鍼灸《しんきゅう》でリフレッシュするという人も多いだろう。

ねこの体にもさまざまなツボがあり、適度に刺激することで体調を整えたり内臓の働きを活発にするなどの効果があるといわれている。

ツボの名称も百会《ひゃくえ》、風池《ふうち》、足三里《あしさんり》などおなじみの名が付いていて、上手に押してあげるとねこも気持ちいいらしい。ツボ押しの強さは秤《はかり》を押すなら３００～３５０グラム程度が目安。

やるのはねこがリラックスしているときで、強すぎたり長く押しすぎたりしないよう注意し（抵抗したらすぐやめる）、まんざらでもない顔でじっとしているか様子を見ながら行おう。ブラッシングやスキンシップに慣れているねこならすぐ試せるので、代表的なツボ押しポイントを紹介しておく。

まず「肺愈《はいゆ》」は背中の肩甲骨の間にあるくぼみ。肺の調子を整えて酸素の循環をよくする効果があるとされるので、エアコンの冷暖房で室内が乾燥する時期などにおすすめ。指を入れるとぐーっとくぼんでいくので位置はわかりやすい。腰をおろさせ、片手でねこの首を押さえて、もう一方の手の人さし指をツボに当てる。指のはらでくーっと2～3秒押してやり、ゆっくり放す。これを5～6回くり返す。

「百会」はさまざまな内臓とつながるツボで、夏バテや体力低下のときの元気回復におすすめ。位置は背中側のシッポの付け根にある骨盤のくぼみのところ。メスはとくに敏感に反応する場所なので注意し、軽く押しながらポイントをさがそう。ここも人さし指のはらを使い、少しずつ力を入れて2～3秒押して、同じ秒数でもどす。これを5～6回くり返す。

このほか「足三里」(後ろ足の外側の付け根あたり)や「三陰交《さんいんこう》」(後ろ足の内側のかかとの数センチ上)は消化機能や腎臓に働きかけるツボとしておすすめ。

マッサージしながらおよその場所を押してみると、ねこが気持ちよさげにするツボがわかってくるので試してみるといい。

ねこのほうから寄ってくる“気持ちが通う”お手入れ法

毛の短い短毛種の場合、毛づくろいはねこに任せて、飼い主が手を貸す必要はほとんどない。通常は月1回程度のブラッシングで十分で、春と秋の抜け毛の多い季節は週2〜3回ブラッシングして抜け毛を処理しよう。

ペルシャなど長毛種の場合は、ねこがやる毛づくろいだけでは手入れ不足になる。毛先がからまるとすぐ毛玉ができるので、1日1回はブラッシングしてあげよう。

ブラッシングはただ毛並みを整えるだけでなく、マッサージ効果によって血行を促進し、新陳代謝を高める効用もある。ねこにとって気持ちのいいことなので普通はおとなしくやらせてくれるはず。

ブラッシングをイヤがる場合、力を入れすぎて皮膚への刺激が強すぎるか、毛のほつれや毛玉をとかずに強引にブラッシングしていることが考えられる。

ブラッシングのコツは、いきなり根元から強くブラシをかけず、初めは目の粗い大きめのブラシで軽くなでるようにして、毛の流れにそってかけること。
長毛種は毛先のからまった部分を先にほぐしておいて、それから全体をとかすようにする。

毛先全体にスムーズにブラシが通るようになったら、ブラシを直角に肌に当てて、皮膚を軽く刺激しながら全体をとかす。この刺激にマッサージ効果があり、好きなねこはうっとりして目をつぶったりする。地肌のフケを取る効用もある。シッポの付け根の固い部分や、柔らかいおなかは敏感なのであまり強くかけないこと。

全体のブラッシングを終えたら、目の細かいクシかノミ捕り用コームでコーミング。頭から順番にシッポや足先まで、すき残しがないように念入りに行おう。長毛種の耳の後ろや足の付け根の内側は毛がからみやすいところなので、とくに丁寧にすくこと。ここまでやっても10分もかからない。

日の当たるぽかぽかのベランダなどで行えば、ねこだけでなく人間も幸せな気分になる最高のスキンシップになるはず。

ねこほいほい！
マタタビの効果的な使い方

「ねこにマタタビ」といえば、好きでたまらないものや、誘いの効果てきめんなことのたとえとして使われることば。

実際、ほとんどのねこはマタタビのにおいに夢中になる。

ペットショップで売っている粉末にもすぐねこが寄って来るし、鼻をくっつけてにおいを嗅ぎ、体をクネクネ動かしたり、目がトロンとしてくる。自生しているマタタビの木なら、実でも葉でも枝でもねこは喜んでにおいを嗅ぐ。反応には個体差があるが、かんだりなめたりしながら、そのうちヨダレを流して酩酊状態になることが多い。

これはマタタビに含まれているマタタビラクトンという揮発性の成分がねこの大脳をマヒさせ、人間でいえばアルコールに酔ったような状態を引き起こすからだという。興奮しているねこには鎮静効果もあり、体調のすぐれないねこに嗅がせると元気を取り戻したり、食欲が増すこともある。

発情期のストレス発散に使うこともできるが、気持ち悪いくらいデレデレに酔うねこもいるので、あまり使いすぎないことが肝心。粉末は新品のツメ研ぎにふりかけたりしても利用できる。


マタタビ同様、ねこがにおいを好む植物としてはキャットニップがある。ミント系の香りのするハーブで、ペットショップではドライハーブを刻んだものや抽出液のスプレーが市販されている。

ホームセンターでも苗を入手できるので、プランターで育てていろいろ利用してみるのがおすすめ。成長したら葉と茎を摘んでよく乾燥させ、布に詰めて小ネズミくらいの大きさのおもちゃをつくると、ねこは喜んで遊んでくれる。なめたりかんだりするので、布は丈夫な綿布を使い、中身が出ないようにしっかり縫い合わせること。お手玉に使うようにアズキを入れて適度な重さにしてあげよう。

ほとんどのねこは、マタタビ同様においに夢中になり、酔ったような状態になる。興奮を抑える効果もあるので、ねこによっては旅行や移動時の鎮静用にも使える。

「ねこが寄ってくる人」の意外な共通点

ねこが好きな人でも、ねこがなついてくれないとか、どうもねこに嫌われやすいというタイプの人はけっこう多い。ねこは好き嫌いのはっきりした動物で、食べものでも人間でもいちど「気に入らない」と判断したら、なかなか自分から近寄ろうとはしなくなるもの。

ではねこを飼おうというとき、ラブラブな関係が築けるようにするにはどうしたらいいのか？　まず大事なのは、「ねこはこういう人・こういう行動を嫌う」という事例をちゃんと理解しておくこと。そして、いままでねこに好かれたことがないという人は、いきなりラブラブを目指すのでなく、まず「ねこに嫌われない」ように努力することである。好かれる以前に「嫌われない人になる」。じつはこれがねこと仲良しになるために効果的な付き合い方なのだ。

だいたい「ねこ好きなのにねこに好かれない人」は、知らないうちにねこが嫌う

行動をとっていることが多い。「ねこが嫌うこと」をざっとあげてみよう。

- 放っておいてほしいときにかまってくる。
- かまい始めると、しつこくていつまでもやめない。
- 寝たくないのに布団の中にひきずりこむ。
- いきなりぎゅーっと抱こうとする。
- ねこなで声でベタベタされる。
- 用もないのに急に大声で呼んだり、バカでかい声で笑う。
- 家の中をドタドタ走り回る。
- 行動がいつもせわしなく落ち着かない。

人間のほうは愛情表現や普通の行動のつもりでも、ねこにとっては迷惑千万。これらをしないよう心がけるだけで、ねことの相性はグッとよくなるはず。ねこは自由気ままを愛し、束縛を嫌う。ヒマそうに寝てばかりいても、それを人間の都合でじゃまされるのはイヤで、自分から用事があるとき以外は放っておいてほしいのだ。

いままでの付き合い方を反省し、かまいたいのをグッとがまんして上手に放っておけるようになれば、きっといつか、ねこのほうからかまってくれる日がくる。

COLUMN1

なんか付いてる？ お尻周りのお手入れのコツ

ねこはトイレをしたあと、お尻を自分でペロペロなめてセルフクリーニングを必ずやる。たいていはおいしそうに念入りにやるが、お尻なめがあんまり好きじゃない（？）ねこや、長毛種で肛門周りに毛が多いねこだと、どうしても大事なところが汚れがちになってしまう。

ウンチが乾燥して肛門の周りにゴマ粒みたいにこびりつくこともあり、そんな状態を見たら飼い主としては放っておけない。何しろそのお尻で自分のひざに乗ったり寝床に潜り込んだりするわけだ。

そんなこびりつきを拭くときは、タオルでゴシゴシやるのは禁物。肛門はデリケートなので傷がつきやすく、雑菌が入って炎症を起こしてしまうこともある。

こびりつき掃除には、化粧用コットンをお湯で湿らせ、やさしく拭き取ってやろう。乾いたウンチを取るときはしばらくコットンを押し当てておき、十分ふやけたところで、肛門の中心から外に放射状にやさしく拭いていく。仕上げにノミ取りコームで肛門から外に向けて毛をとかしてやればＯＫだ。

長毛種で、トイレのあとにウンチやトイレ砂をお尻にくっつけたままでいるねこは、長い毛が肛門にかぶさってじゃまをしていることが多い。毛にウンチが絡まって固まってしまうと、毛をカットしなくてはならないケースも出てくる。

対策としては、あらかじめ肛門周りの余分な毛をカットしておくのがよいが、ハサミで切ろうとすると皮膚を傷つける恐れがあるので、先が丸いハナ毛用の小バサミか、ペット用バリカンを使おう。刈るときは肛門から外に向けて放射状にカットし、刃を皮膚に当てないようにあくまで慎重にやること。

第2章

ねことココロをかわす16のツボ

鳴き方で気持ちを察してこそ、真の飼い主！

ねこの鳴き方にはいくつかのパターンがあり、鳴き声や鳴き方にはねこのさまざまな気持ちが表れている。ねこと長く楽しく付き合っていくには、まずその「ねこ語」の基本の意味を押さえておくことが大事だ。

「ニャー」「にゃーん」……おねだりや甘え気分のときの鳴き声。

飼い主に向かってはっきりした声で鳴くときは、「ゴハンが欲しい」「おやつまだ？」「遊んでよ」など、何か飼い主にしてほしいことがあるとき。この鳴き方をするときは、大人のねこでも〝子ねこモード〟になって母親を求めるような気持ちのことが多い。

外から飼い主が帰ってきたとき玄関に出迎えて鳴くのもこのパターン。

「ニャ」「うにゃ」……短い鳴き声は、あいさつ代わりだったり、ただ返事を返している場合が多い。

ねこ同士のあいさつにも、家の中で飼い主と顔を合わせたときにも使われる。名前を呼ばれて返す声もこのパターン。「いるよ」「聞こえているよ」とか「調子はどう」くらいの軽い意味の鳴き声だ。


「フゥーッ！」「シャーッ！」……相手を威嚇したり警戒するときの怒りの声。

耳を後ろに伏せて、のどの奥から出す。怒ったときのほか、恐怖を感じたときも発する。「う〜っ」とうなるように鳴く場合は「近づくなヨ」「ヤメロ」という警告だ。


「ニャニャニャニャ」「けけけ」……あごを小刻みに震わせるように鳴く声で、異変に驚いたり、興奮したときに発する。

ねこによっては「きゃきゃっ」「カカカ」などと聞こえる。飼い主が大きなクシャミをしてビックリしたり、窓の外にスズメなどを見つけて、「襲いたいけど、どーする!?」というドキドキな場面になったときに出やすい。

「ミャーオー」「あお〜ん」……大きく長く伸ばす鳴き声は、避妊や去勢していないねこが発情期に交尾の相手をさがす声。

メスは高く、オスは太く低い声で、のどを強く鳴らすようにしてくり返し鳴くのが特徴だ。旅行で人に預けられたときなど、飼い主の姿をさがして同じような鳴き方をすることもある。

ほかに、リラックスして気持ちいいとき思わず出てしまう「ウニャ〜」「ふにゃ、ふにゃ」などの「ひとりごと系」や、調子に乗って遊んでいる最中に「ぴゃっ」「アンッ」などと短く発する「かけ声系」もある。

規格外の鳴き方をするねこもいるが、基本はこんなところ。

ねことのコミュニケーションで何より大事なのは、こうした鳴き方や、しぐさ、行動をふだんからよく観察し、微妙なねこゴコロを飼い主の側から理解しようと努めること。

そうすれば、ねこはけっして気むずかしい動物ではなく、飼い主の愛情にはちゃんと応えてくれることがわかってくるはずだ。

読みとれてますか？
ねこが出すココロの合図

もともと性格がおとなしいねこや室内用に改良されてきた長毛種には、ほとんど鳴かないねこや、たまに鳴いても小さな声で聞き取れないようなねこもいる。

でも「ねこ語」は鳴き声だけではない。ねこの気持ちはしぐさや体の動きに自然と表れるものなのだ。

とくに「耳」はねこの変わりやすい心理を知るレーダーみたいなもの。

ふだんくつろいでいるときのねこの耳は自然に前を向いているが、ココロの変化は次のような耳の動きに表れる。

- 耳をピンと立たせてまっすぐ前へ向けるのはちょっとした「緊張」や「警戒」。
- 立てたまま左右に広がるときは「緊張」が高まったり「不安」を感じたとき。
- 耳がピクピク小刻みに動くときは「イライラ」や気になるものがあるとき。
- 耳をぺたーっと平らに伏せてしまうのは「恐怖」や「防御」。

●耳を伏せて後ろに強く引いたような形になるときは「威嚇」や「攻撃」。

たとえば、気持ちよく寝ているねこにちょっかいを出すと、まず耳がピンと立つ。「いま相手する気はニャイよ」とねこが寝ポーズを変えないのにやめずにいると、イライラが始まって耳がピクピク動き出す。こんなときは「じゃましてごめん」と引き下がるのが正しい判断。しつこいと「シャーッ！」と威嚇されることもある。

ねこが何かいたずらするたびに、つい声を荒げて叱ってしまう人は、自分の声に反応してねこが〝耳伏せ〟をしていないかチェックしたほうがいい。

飼い主が恐怖の対象になっていたり、その声に強いストレスを感じていたらねこがかわいそうだ。

叱り方を変えるなり、もっと寛容な飼い主を目指すなりの反省が必要かも。

また、ねこはすぐれた聴力を持ち、耳のレーダーは寝ているときも作動している。寝ているのに名前を呼ぶと耳だけスッとこちらを向いたり、ピクンと立てて反応したりするのはそのためだ。

ねこさまを知るために欠かせない「シッポ学」その①

耳のほかにも、わかりやすい体の反応としてシッポの動きがある。犬のように嬉しいとき大げさにシッポを振ったりはしないが、微妙な動きの中にもねこの心理はしっかり反映されている。ねこさまを喜ばせたいなら、シッポのチェックを忘れちゃいけない。

まず、シッポをピンと上に立てているとき。これは機嫌がいいときで、ゴハンをねだったり甘えたいときも立てている。ねこは子どものとき、排泄後に母ねこにお尻をなめてきれいにしてもらう習性があり、その名残で飼い主に甘えるときもシッポを立てて、足元に体をすり寄せてくることが多いのだ。この立てたシッポを相手の体に巻き付けるようにするときは、ねこ同士でも人に対してでも親愛の情を持っていることの表れ。まあ、いつもゴハンをくれる人にはたいていやるので、親愛の情がどれだけ深いのかは不明だが、相手が嫌いじゃないことは確かである。

シッポがピクンピクンと左右に振られているときは、何か気に入らないことがあって「もう怒るぞ」「あたいを怒らせる気？」というイライラの表れ。どうしようかとココロが揺れる葛藤《かっとう》状態のときでもある。たとえば、しつこくかまってくる人間に対して、「怒ってかんじゃおうかニャ？ トラブルを避けてこの場から抜け出そうかニャ？」と心乱れているときも左右にパタンパタンさせる。

シッポに力が入ってバタッバタッと床に当たる音がするくらいになると臨界点が近い証拠。相当機嫌が悪くなっているから、ねこさまからそっと離れるのが得策だ。

ねこさまを知るために欠かせない「シッポ学」その②

ねこのシッポは行動するとき体のバランスをとるのに役立っているといわれるが、三毛猫などシッポが短くて丸いねこも平気で動いているので、普通に生活するうえではさほど重要なものでもなさそうだ。

それでも、子ねこのうちは自分のシッポを追いかけてくるくる回る〝遊び道具〟になり、大人になれば、鳴き声代わりの意思表示ツールにもなる。主人に慣れたねこだと、名前を呼ばれるたびに軽くシッポを振ることも多い。ニャンと鳴いて返事するのもめんどうで、「聞こえてるよ」とシッポを振って応じているのだ。

イライラしたり怒り出しそうなときシッポを左右に振ることを前に述べたが、ねこによっては満足しているときに悠々と左右に振ることもあるし、狩りや遊びで興奮しているときもヒュンヒュンと横に振ることがある。

シッポ振りにかぎらず、ボディランゲージを正しく理解するには、そのときの状況をよく見て、ねこのクセや性格なども合わせて判断するのが大事ということである。

ねこの心理状態があからさまにわかる例は、シッポを後ろ足の間に巻き込んでいるときと、シッポをふだんの何倍もの太さにふくらませているとき。

シッポを尻の下に巻き込むのは怯えたときで、耳は後ろに伏せ、恐怖でパニック寸前だったりする。強い相手への「降参」の意味もある。

シッポを急にふくらませるのは、はげしく驚いたときやピンチに相手を威嚇するときで、毛はみな逆立っている。威嚇の場合は全身の毛も逆立つが、これは体をふくらませて少しでも大きく見せ、相手をひるませようという野性の名残なのだ。

飼い主は、シッポだけでもこのようにいろいろな感情表現があることを知っておくべきだろう。知ってしまえば他愛ないが、知らずにいたら、シッポを振れば犬と同様に喜んでいると勘ちがいしたり、急に何倍にもふくらんだシッポを見て飼い主のほうがパニックにもなりかねない。

不意の毛づくろいに隠された心理

リラックスしているときの毛づくろいとは別に、ねこが遊んでいる途中で、おもちゃをうまく捕まえられなかったりジャンプに失敗したりすると、不意に毛づくろいを始めることがある。

別にヘアの乱れが気になったわけではなく、これはねこが不安を感じたときや、何か失敗してカッコ悪い思いをしたとき、気持ちを落ち着かせるためにやる行動なのである。

何か粗相をして飼い主に叱られたときも、聞こえていないようなふりをして毛づくろいを始めたりする。つまり、ねこが動揺したときつい出てしまうクセのようなものなのだ。

こうした行動は「転位行動」と呼ばれ、動物が葛藤状況におちいったときに生じ

るとされる。たとえばケンカでピンチのとき、攻撃するか逃げるか判断ができなくなり、急にどちらとも関係ない第三の行動（穴を掘り始めたり……）をやらかすのがパターンだという。急な毛づくろいもその一種で、ねこ同士が「フーッ」「シャーッ」と白熱のケンカをしながら、途中、不意に2頭とも毛づくろいを始めるようなこともある。

とはいえ、ねこを飼っている人には「照れ隠し」とか「ごまかしのグルーミング」としてわりとおなじみの光景だろう。

ジャンプに失敗して、何事もなかったようなふりをして毛づくろいを始めるねこの姿は笑いを誘うが、飼い主としては「ほんとにドジねえ」などと笑ったり、「またごまかしてる」などと口にしないのがベター。

急な毛づくろいはねこ的に「困った状況」にあるときにやるので、飼い主はそっと見守るか、「ドンマイ、ドンマイ」とやさしく声をかけるのが正解だ。

香箱にアンモナイト？ 寝姿でわかるねこの安心度

ねこの座りポーズや寝姿にもいろいろあり、ねこ好きによっていろいろ呼び名が付けられている。前足を胸の下に畳み、背を丸くして座っている状態を「香箱をつくる」という。普通にくつろいでいるときの座り方で、箱座りともいう。このポーズで日なたぼっこをしながらうたた寝していることも多い。

お尻だけつけて、前足をきちんとそろえてちょこんと座るのは、指をついてあいさつする姿に似ているので「三つ指ついて座っている」とか「三つ指」と呼ばれたりする。いわばねこの正座みたいなもので、飼い主に「ゴハンはまだでしょうか」とか「ちょっと遊びませんか」と無言で（控えめに）訴えるときにも見られる。

この姿勢でシッポの先がピクピク動いているときは〝考えごと中〟だとか。

体を横にして頭からシッポまでまん丸くなって寝ているのは「アンモナイト」な

どと呼ばれる寝姿。狭い箱や土鍋にすっぽり入って寝るねこなどはそのまんまアンモナイトの化石状態である。

寒いときや警戒中のときも丸く縮こまって寝るが、丸まって自分のにおいを嗅ぎながら寝るのは安心するためともいう。

一説には、大昔の先祖が外敵を避けるため、体を丸めて大きなヘビがとぐろを巻く姿を模して休息した名残だともいう。

夏など暑いときは、手足をダラリと伸ばした「投げ出し型」の寝姿が見られる。体温を少しでも発散できるように体を伸ばして体面積を広くしているわけだ。

暑くてノビた状態のときや、眠くてしょうがないとき、この投げ出し型からあお向けになり、そのまま大の字の「バンザイ型」で寝ているときもある。柔らかいおなかはねこの急所でもあり、それをあられもなくさらけ出して寝ているのは無警戒で完全に気を許している証拠。あまりにも無防備なおなかを見てしまうとついイタズラ心がわくが、ここはじっとがまんして、せいぜいやさしくなでる程度にとどめるのが飼い主のマナーだ。

「いい気持ち」だけじゃない！
ゴロゴロ音の本当の意味

ねこがゴロゴロ、グーグーとのどを鳴らしながらすり寄ってくると、こっちまで気分がなごんでくるものだ。

あのゴロゴロ音は、子ねこのとき母ねこのオッパイを吸いながら、のどを鳴らして「ちゃんとオッパイ出てるよ」「おいしく飲んでるよ」という信号を送った名残なのだという。

成ねこになってからも、機嫌がよくリラックスしているときに、「いま満足してるよ」とか「甘えさせてよ」という意味で飼い主の前でのどを鳴らすのである。

ゴロゴロ鳴らしながら、シッポを立てて人の足に体をすりつければ甘えたいとき、人の体に前足をかけてツメでカリカリするときは何かしてほしいときだ。

また、ほかのねこやなじみのない人間に対して、「こんにちは」くらいの意味でゴロゴロ鳴らすこともあり、これは「友好な関係を望んでるよ」という信号なのだそうだ。

鳴らすのは声帯とは別の器官で、医学的には胸腔《きょうこう》から伝わる反響音ととらえているらしい。のどか鼻先で鳴らしているようにも聞こえるが、ねこの胸に耳を当てると、たしかに胸全体が低く振動しているのがわかる。

またこのゴロゴロ音は、ねこが病気やケガで苦しみ、いたわりを求めているときも鳴らすことがある。

ケガをしたとき、ゴロゴロ音の振動が骨の修復を早めたり、自然治癒力を高める働きをしているのではないかという研究者もいる。実際、動物病院では、点滴を受けているときや骨折などで入院しているときゴロゴロ音を出すねこが見られるそうだ。

とはいえ、健康なねこがのどをゴロゴロさせながら足元に寝転がって、文字どおり〝ゴロニャン〟状態になったら、「遊んでほしいニャ」のサイン。体をなでてやったり、しばしねこに付き合ってやるのが飼い主の心得である。

失敗を怒られたとき、ねこはこう思っている

トイレのしつけはたいていのねこがすぐ覚えるが、ちょっと油断しているとあらぬ場所でやってしまうねこもいる。それも、ソファや布団の上とか、脱いだブラウスの上とか、「エエッ⁉」といきなり飼い主が逆上してしまいそうな場所にやられることが多い。しかし、もし、新入りねこがトイレ以外の場所で粗相してしまったとき、強く怒鳴りつけたりしてはいけない。

やってしまったあと叱られても、ねこは「いけない場所でオシッコしたから叱られた」とは理解できず、「オシッコをしたから叱られた」と思い込んでしまう。

新入りでまだ不安いっぱいのうちに怒鳴られたら、飼い主イコール「オシッコすると怒るコワい人」と認識してしまうかもしれないのだ。

とくに気の小さいねこだと、叱られるのが怖くて人の気配のするところではオシッコをしなくなり、コソコソと隠れて、ますますとんでもない場所で排泄するよう

になることがある。

粗相をされ、ついカッとなって頭を小突いたりするのはもってのほか。ねこは、いちどきつく言われたら、見た目以上に怯え、反省している。ぶたれたりすると必要以上に混乱して、その後飼い主に気を許さなくなってしまうことがある。

そうなってしまったら、ねこにとっても飼い主にとっても不幸だ。だいたい、何度か粗相されるくらいのことをがまんできないようならペットを飼う資格などないのだ。トイレの覚えが悪いねこにこそ根気と愛情が必要である。

よくねこを観察して、いけない場所でトイレ態勢に入りそうなときは、「そこはだめ」とやめさせ、すぐ正規のトイレに連れて行こう。粗相されてしまったときは、「ここでしたらだめ」とひと言いい聞かせ、においが残らないように完璧にその場所を掃除しておくことだ。念のため柑橘系などねこが嫌うにおいをスプレーしておくとなおいい。

ねこのオシッコやウンチくらいでガタガタ言わないこと。ねこのためにも、あなた自身のためにも、「おまえさんにオシッコされたおかげで前より部屋がきれいになったよ」と切り替えるくらいの姿勢でいるほうが幸せなのである。

「夜中の運動会」に隠れたねこのココロ

それまでおとなしくしていたねこが突然走り出し、バタバタッ、ドタンッドダダダッと部屋中を暴れ回る。

何の前ぶれもなく始まるので、ねこに慣れていない人は「何事だ!?」と驚かずにいられないが、別に異常な行動ではなく、夜中に起こることが多いのでねこ愛好家には「夜中の運動会」などと呼ばれている。

飼い主が「さて、そろそろ寝るか」というときや、布団に入ってうつらうつらし始めた頃に決まって始めるねこもいるし、夕方周囲が暗くなると暴れ出すねこもいる。わりとすぐおさまるものの、ふだん見せないようなジャンプ力を発揮し、勢い余って部屋の物をこわしたりすることもあるので厄介だ。

これはねこが余ったエネルギーを発散させる行動で、専門的には「真空行動」という。

決まって夜に始まるのは狩猟本能の名残で、夕方や明け方の薄暗い時間帯が狩りどきのピークだったため、周囲が暗くなったり部屋の電気が消されると日没後のように錯覚して狩猟本能が目覚め、興奮してしまうことがあるのだ。

運動会をやるのは若くて元気なねこが多く、原因は日中の運動不足であることが多い。

狩りに使うはずのエネルギーを昼間の遊びで発散させていないと、夜になってあふれ出し、突然の運動会になってしまうのだ。

無理にやめさせることはできないが、運動会を減らすには、昼間ちゃんと時間をとってねこと遊んでやることである。

「狩り」の欲求を満たしてやるためねこじゃらしなどで疑似ハンティングの遊びをしてやり、何度もジャンプさせたり、可能なら一緒に室内を走ったりして、ため込んだエネルギーを発散させてやろう。

あの「困った行動」は、“親のつもり”だった！

飼い主を困らせるねこの習性のひとつに、捕ったばかりの「獲物」を見せにくるというのがある。

セミ、バッタ、トンボ、トカゲ、ゴキブリなどのほか、どこで捕獲したのか、ぐったりしたスズメやハトをくわえて飼い主のところへ持参することもある。

「こんな獲物を捕ったニャ」と狩猟本能を忘れずにいることを証明したいのか、獲物を見せて「よくやった」とほめてもらいたいのか……。

飼い主はねこの野性をかいま見るわけだが、気の弱い人にとっては迷惑なだけかもしれない。

こうした行動は、じつはねこが飼い主の「親になったつもり」でやっている行動だという。

飼い主にほめてもらおうと思ってしているのではない。

ねこは飼い主を自分の子どものように思っており、ご親切にも、自分で獲物を捕まえられない飼い主に、「ほら捕ってきてやったよ」と与えているつもりなのである。

だから、瀕死の虫や小動物が苦手なあなたが悲鳴を上げるのはやむを得ないとしても、おみやげを持ってきたねこを叱ったり、逆上してひっぱたいたりしてはいけない。本来なら「ありがとう」とか「ごくろうさま」と言うべきところなのだ。


しかし、そうするとねこは気をよくしてさらに狩りに励み、たびたび捕ってくるようになりかねないので、こういうときは、ほめもせず叱りもせず、ねこが目を離したスキに獲物を処分してしまうのがいちばんいい。

あまりひんぱんに捕ってくるようなら、外出自由なねこには一定時間の「外出規制」をするか、ベランダを狩り場とするねこには、セミやスズメを襲えないようネットや金網を張ってガードしよう。

ゴロゴロいってたのに……突然のかみつきはなぜ起こる？

「じゃれがみ」とは別に、人に体をなでられて、気持ちよさそうにのどを鳴らしていたねこが、いきなり「かみつき攻撃」を仕掛けることがある。

やられたほうはたまらない。温厚な飼い主でも、「ついさっきまでゴロゴロいってたくせになんてことするの」と理不尽な怒りがこみ上げてくるかもしれない。

じつは、こうした突然のかみつきや、ねこキック、ねこパンチの仕打ちは珍しいことではなく、専門的には「愛撫誘発性攻撃行動」と呼ばれている。詳しい原因ははっきりしないが、文字どおり愛撫が引き金となる一種の防衛本能らしいのだ。

ねこが愛撫されて気持ちいい場所……たとえばあごの下、おでこ、耳や首の後ろ、おなかなどは、ねこの「急所」でもある。

ねこがうっとり気持ちよさそうにしていると、飼い主としては「もっと気持ちよくしてやろう」とつい愛撫もエスカレートしがちだ。

するとねこは、やさしくなでられているうちはよかったが、少し力が強くなったり、同じ場所をしつこく愛撫されると「いつまでも急所をいじられている」という危険を感じ、突然攻撃モードに入ってしまうのだ。

やられたほうはショックを受けるが、じつはねこは攻撃する前に何らかの〝そろそろやめてサイン〟を送っているはず。

たとえばシッポに力が入って左右にブルンブルン振ったり、横向きでおなかを出すポーズをしたりする（自分の気分を落ち着かせようとする姿勢）。

このサインの意味に気づかず、いつまでも愛撫を続けていると、「いいかげんにしろニャ！」とばかりにかみつき攻撃の被害に遭うのだ。

ねこのサインをきちんと見極め、危険ゾーンに入ったと感じたらすぐ愛撫をやめれば、〝飼いねこに手をかまれる〟ような仕打ちは受けずに済むのである。

新入りねこを迎えるときに、大切にしたいこと

先住ねこがいる家に、新たにもう1頭のねこを迎え入れる場合、最初の対面を慎重に行うことが大事だ。

ねこはなわばり意識が強いので、新入りねこよりも、自分のなわばりに侵入される先住ねこのほうが神経質になりやすい。新入りが来たらいきなり部屋に放すのではなく、最初はケージに入れておいて、徐々に慣れさせるのが賢い方法だ。

ケージを置くのも先住ねこのお気に入りの場所は避けておこう。先住ねこから自然に近づくようにしてケージ越しの対面をさせ、まず新入りのにおいに慣れさせる。しばらく様子を見て、互いに興奮せず落ち着いた状態でいられるようなら、新入りをケージの外に出すようにする。こうした手順を踏むと先住ねこの動揺が少なくて済み、両者のストレスも最小限に抑えられる。

飼い主はつい新入りねこをケアしてしまうが、先住ねこはよそ者が入ってきただ

けでストレスを感じており、新入りばかりかわいがるとイジケてしまう。

飼い主の見ていないところでケンカを吹っかけたりするし、放っておかれると新入りに居場所を奪われたように感じるのか、不意に家出をしてしまうこともよくある。一見変わった様子が見えなくても、新入りが来てしばらくの間は注意が必要。

いままで同様相手をしてやることが大事で、まめに声をかけて遊んでやり、「おまえのことを忘れていないよ」という意思を伝えてやろう。

生後数か月の子ねこが新しく来た場合、メスねこなどは母性をくすぐられるのかすぐに面倒を見始めるケースもある。お互い生後2か月～1歳未満でもらわれてくると兄弟のように仲良く育つことも多いようだ。ただしねこ同士にも相性があり、若いうちは顔を合わせればケンカ腰になり、10年同居しても無視し合って打ち解けないケースもある。こうした相性は人間がどうこうできるものでもなく、飼い主はそれを受け入れるか、あまりにも仲が悪い場合は同居をあきらめるしかない。

避けたほうがいいのは、老齢のねこのいる家に若い元気なねこを入れること。若いねこに平穏な生活をかき回され、なわばりを奪われても老ねこには対抗する力がない。ストレスで毛が抜け始めたり、体調を崩してしまうことも多いのだ。

食欲の有無は、ココロの在り方まで示す!?

ゴハンを用意してやると喜んでやってくるのに、いざ食べ始めると、ちょこちょこっと食べてもう終わり……。

そんな飼いねこの様子を見て、「うちのねこはもともと食が細いのかな」と思っている飼い主さんもいるだろう。

しかし、食が細いと思い込んでいたねこが、ある日モリモリ食欲を見せて飼い主が驚くようなことがある。

何がきっかけになったのかというと、じつは「食器を変えただけ」ということがあるのだ。

ねこの食器など何でもいいと思い、家族の食器のお古や適当な入れ物をねこ用にしてそのままずっと使っているなんていう場合は、ペットショップへ行ってねこ用の平らで底の浅い食器に変えてみよう。

ねこ用の食器は、だいたい底が浅くてグラついたり移動しないよう安定感のある形をしている。

底が浅いのは、ねこが顔を突っ込みやすく、食べるときにヒゲが器に当たらないように配慮されているのだ。もし浅いタイプがなければ、家にある平らな皿に変えるだけでもいい。

底が深い容器だと、食べるとき容器のふちにずっとヒゲが当たって汚れてしまう。ねこにとってこれはかなり「うっとおしい」ことなのだ。食欲減退の原因にもなり、ヒゲが当たるのがイヤでフードを前足でかき出して食べたりすることもある。

おまけに食べるたびに容器が動いたりグラついたりすれば、ナイーブなねこであれば途中で「もういいや」と思ってしまうかもしれない。

食が細いなどと思い込む前に、ねこの気持ちを読みとり、ねこが気分よく食べられる食器かどうか確認してみよう。

ココロをぐっとつかむ「簡単ねこゴハン」

キャットフードはいつでも手軽にあげられる便利なもの。しかし、飼い主のやることは、缶を開けたり、袋をパッと開けて皿に出すだけ……。これって、わが子のようにねこを愛し大事にしている飼い主としては、食事に対してあまりにも「手抜き」じゃなかろうかと感じる人もいるはず。

そんなときは、やはり飼い主の手づくり料理を食べさせてあげよう。

ただ、日常的に手づくりしようとすると必要なカロリーや栄養素の計算が問題で、これを完璧にやろうとすると相当大変である。

それよりも、休日に家族や友人に手料理をふるまう感覚で、週に何回かつくってあげたらどうだろう。

何より手づくりゴハンをねこが喜んで食べてくれると、飼い主としては愛が報われたような、絆が深まったような気持ち（錯覚？）になって嬉しいものだ。

料理が苦手でも、ねこゴハンに「味付けは不要」なので楽勝だ。逆に塩分の多い材料から塩を抜くくらいの手間しかない。

1日に必要なカロリー量の目安は、大人のねこで体重1キロ当たり70～80キロカロリー。これを基準にしてキャットフードとのバランスを考え、鶏、豚肉、アジ、サバ、カツオ、サケなど、たんぱく質となるメインの材料があればトライできる。ベースは余りごはんや、うどん、パスタをゆでて短く切ったもの。ゆでたジャガイモなどをつぶして混ぜてもいい。ここにゆでるか焼いて火を通した前記の肉または魚を食べやすい大きさにして混ぜ、盛り付ける。基本はこれだけでいいのだ。

盛り付けはねこにはあんまり関係なく飼い主の自己満足でしかないが、凝ってみたいときはご自由に。ねこに出すときは、ほどよくあったかくてにおいが立つ状態がいい。トッピングに塩を抜いたシラスや煮干し、切り海苔、カツオ節などをのっけてやれば、安全でヘルシーな手づくりねこゴハンのできあがりだ。

これくらいなら自分の料理のついでにできるので、ぜひ試してみよう。

ねこがいなくなったとき、まずどうするか

室内飼いで、まれにねこが脱走してしまうことがある。数時間姿を見せないだけでも飼い主は心配でたまらなくなるだろう。普通はせいぜい2～3時間で家に戻ってくる「外出」で済むが、半日、丸1日経っても帰ってこないと、外出ではなく「家出」したのじゃないかと飼い主は絶望的な気持ちになってくる。こんなときは呆然としているひまはない。外で事故に遭う可能性もあるのだから、あらゆる手を尽くして見つけることを考えよう。

だいたいねこの行動範囲は狭く、外出自由なねこでもせいぜい半径300メートル程度だという。室内飼いのねこなら出て行っても遠くへは行かず、周囲をちょっと探検するのが終われば家の近くに隠れていることも多いのだ。

実際、ちょっとした脱走なら家から半径30～40メートル以内で見つかることが多い。まず、ねこの名前をやさしく呼びながら家の周りを歩いてみること。

大声で呼んでは警戒して寄ってこない。名前を呼びつつ、ねこが好きな音、たとえばねこ缶をスプーンで叩いたり、好んで遊ぶおもちゃの音を立てたりしながら歩くのも有効だ。恥ずかしいなんて感情は捨てよう。

ちなみに名前を呼ばれ、鳴いて返事をしないねこでも、鈴付きの首輪をしておくと音で所在をつかみやすい。外にほとんど出たことがないねこは、迷子になっている可能性もある。においを頼りに戻ってくることもあるので、出ていったドアや窓を開けておき、オシッコをしたトイレの砂を家の周りにまいておくといい。

日が落ちてくると、不安になってじっと動かなくなってしまうこともある。暗くなってからは、近所の植え込みの陰や車の下、軒下や自転車置き場など、隠れていそうな場所を懐中電灯で照らしながらさがそう。

とにかく大事なのは行動すること。飼い主自身の気持ちも、じっとしているよりは多少なりとも落ち着くはずである。見つけたときは、あわてて駆け寄ったりしないこと（怖くなって逃げてしまう）。近寄ってしゃがみ、やさしく名前を呼びながら、辛抱強くねこのほうから寄ってくるのを待とう。抱こうとして逃げられることもあるので、大きめのバスタオルを用意し、包むようにキャッチしてあげよう。

それでもねこが帰ってこないときに

家を中心に、少しずつ半径を広げて歩いてさがすのをくり返し、それでもねこが見つからないときは、次の段階、「近所の聞き込み」を開始しよう。

人に慣れている室内飼いのねこは、よその家に迷い込んだり、勝手に上がり込んでしまい、どこのねこかわからず住人が預かっているというケースも多いのだ。ゴハンをあげたら出て行こうとしないので、かわいいからそのままにしていた、ということもよくある。引っ越しや新入りねこが来たストレスで出て行ってしまった場合など、よその家でやさしくされたら「新しい飼い主にするニャ」と勝手に決めて、ちゃっかり甘えたりしているかも……。

そんなときのためにも首輪には飼い主の連絡先（電話番号と名前）を書いておくようにしたい。

顔なじみでもない家に聞き込みするのは少々勇気がいるかもしれないが、何らかの情報が得られるだけでもいい。立ち話をしている奥さんたちでもいたら、臆せずねこのことを尋ねてみることだ。

また、近所にねこ好きな人がいれば、そのお宅にも問い合わせてみよう。ねこ好きで知られている人には「どこそこでねこを見た」という目撃情報が入ってきやすいし、迷いねこを預かりそうな心当たりをあたってくれるかもしれない。

もしどこかの家で預かっていてくれたら、すぐに引き取りに行き、丁重にお礼を述べよう。たとえ半日でもねこがおじゃまして迷惑をかけたのだから、あとで菓子折りくらいは持って行くのがマナーだ。

1日さがしても見つからないときは「貼り紙作戦」だ。パソコンでも手描きでも必ずねこの写真を入れて、ねこの名前と特徴、いなくなった日時と場所、連絡先を書き、近所の目立つ場所に何枚か貼らせてもらおう。町内会の掲示板でもスーパーの掲示板でも、使えるものは何でも利用することだ。

あとは、近所の交番や保健所、動物保護センター、動物病院にもあたっておきたい。突然いなくなってもねこの帰還率はかなり高い。あきらめずに誠意を持ってあたれば、きっとまたニャンコの顔を見られることを信じて行動しよう。

第3章

ねこにお願いを聞いてもらう10のツボ

いけない場所でのツメ研ぎをやめてもらう方法①

ねこが飼い主を困らせることの筆頭といえば「ツメ研ぎ」だろう。ツメ研ぎ板を用意していても、壁や柱、ふすま、カーペット、ソファなど、室内のどこかは被害にあっている飼い主が多いはずである。

ツメ研ぎには、古くなったツメの層をはがして常に鋭利にしておく手入れの意味と、前足裏のツメの近くににおいを出す腺があるので、ツメ研ぎしながらにおい付けをして自分のテリトリーを示したり、仲間との情報交換の手段にするという意味がある。

またツメ研ぎをするのは機嫌がいいときで、ねこ自身が落ち着く行為でもあるらしい。ねこがあちこちでツメ研ぎするのは本能なので、完全にやめさせることはできない。それでも上手に叱る（お願いする）ことでしつけは可能だ。

しつけのコツは、必ずその場で〝現行犯〟で叱ること。

やってはいけない場所でツメ研ぎをしようとしたり、やっているところを見つけたら、「ダメ！」と強く声をかけて中断させること。ガミガミ文句を言うより、大きなひと声で短くピシャリと叱るほうがいい。

怒る顔をあまり見せたくないときは、ねこから姿を見えないようにして、ハエ叩きや新聞を棒状に丸めたものでテーブルをパシッと叩いたり、空き缶を叩くなどして大きな音を立ててやめさせる方法もある。

少々荒療治ながら水鉄砲で遠くからピャッと水をかけてやめさせるのも効果は大きい。いずれも「ここでツメ研ぎするとイヤな思いをする」という記憶がねこに刷り込まれ、同じ場所ではやらなくなる。

ねこを叱るときいちばん大事なのはタイミングで、やったあとでその場に連れて行って叱っても、ねこはなぜ叱られるのか理解してくれない。

あくまで現行犯で叱ってこそ効果がある。これはツメ研ぎに限らず、ほかの「やっちゃダメな行為」を叱るときも同じである。

いけない場所でのツメ研ぎをやめてもらう方法②

ツメ研ぎ対策としては、ツメ研ぎ場所を数か所用意してやることも有効だ。家のあちこちでツメ研ぎができれば、やってはいけない場所の被害を抑えられる。ツメ研ぎ板も、床置き型のほか、ときどき高い位置でツメ研ぎしたがる習性に合わせて、壁や柱への貼り付け型や、棒やポールへの巻き付け型など、ねこの好むものをいくつか併用するといい。

ちなみに、体を伸ばして高いところでツメ研ぎするのは、「ぼくはこんな高いところまで手が届く大きいねこだぞ」とほかのねこに誇示しようとする〝ハッタリ行為〟なのだという（とてもかわいい）。

新品のツメ研ぎ板を用意するときは、ねこの前足をこすってにおい付けをしておくと使うようになる。また市販品にはよくマタタビの粉が付いてくるので、ツメ研ぎ場に少しまいたり、少量を板にまぶしてねこを呼び寄せることもできる。最初は

においに恍惚となってヨダレだらけにしたりするが、あまり気にしないこと。
新居や賃貸住宅でどうしても壁や柱を守りたいときは、ツメ研ぎ防止グッズを利用しよう。いわば物理的な対抗措置だ。ペットショップでは、壁や柱、ふすま用に、ツメ研ぎ防止専用のシートや壁紙が市販されているし、ホームセンターで薄いプラスチック板を購入し、壁や柱に合わせてカットし両面テープなどで貼り付けるだけでも防護板がつくれる。ねこは表面がツルツルして手（ツメ）ごたえがまったくないのでやらなくなる。いままでやっていた場所の近くに、新たにツメ研ぎ板を用意してやれば欲求不満も残らずに済むはずだ。

新聞やキーボードに乗る「おじゃま虫攻撃」にはこの対策！

新聞を広げて読み始めたら、ねこがやってきておもむろに新聞の上に座り込んだり、仕事を始めようとパソコンに向かったら、キーボードの上に両足を乗せてしゃがんだり……。

飼い主によっては「またか」と思うくらいこの「おじゃま虫攻撃」をやられている人も多いようだ。

夕食後に家族そろってテレビを見始めると、必ずテレビ台に乗って画面をふさぐというねこもいる。ねこ本人はとくにじゃまをするという悪意はないらしいのがまた厄介である。

これらはどんな意味を持った行動なのかというと、ほぼ共通しているのが「飼い主の関心を引きたい」ということ。

そのココロを解説してみると、「新聞読んでるくらいならヒマなんでしょ、遊んでよ」。キーボード上なら、「ちょっとぉ、仕事始める前にもう少しかまってよ」。テレビ台なら、「みんなでこんなの見てないで1人くらい遊びに付き合って」といったところ。

つまり、かまってほしいときに、飼い主の視界に入ることで自分の存在をアピールしているわけである。

そうした証拠に、「そこどいて」と言っても動かないねこが、だっこしてひざにでも乗せてやると、新聞やキーボードの上に戻ろうとはしない。そのくせ無言で新聞からどかすだけだと、また知らんぷりして同じ場所に戻ったりするのである。そしてじーっと飼い主を見たりする。

新聞のカサカサする音が気になるとか、パソコンの放熱口のあったかさを好むという場合もあるが、ほとんどはだっこやナデナデをしてほしくてやってくるのだ。だから対処法は、ほんの1分でもいいから体をなでてやったりして愛情表現をしてやること。そうすれば「おじゃま虫」は当分やってこなくなるはずだ。

ただ、やってこないのも、それはそれでさみしい。

食卓に上がるクセを直す隠しワザ

ねこのしつけでけっこう手を焼くのが、家族の食事どきに食卓へ来てウロウロする「おねだりグセ」をやめさせること。

「うちのねこはそんな無作法なマネはしない」という人は、基本のしつけができている飼い主さんだ。子ねこのとき、つい甘やかして食事どきにおすそわけをしていると、大人になっても、「さあメシだ」といわんばかりにひざに乗ってきたり、テーブルに手をかけて甘い声でねだったり、おかずを盗み食いしたりする。ひどい場合はわがもの顔で食事中のテーブルに跳び乗ってくる。

ねこを喜ばせたくてつい刺身や鶏の唐揚げなどをあげてしまう気持ちはわからないでもない。でも、ばい菌いっぱいの足でテーブルに乗ったり、ごちそうの上に抜け毛が舞ったりするのは、マナーの面からも衛生面からもよくない。

おすそわけも、どうしてもあげたいならねこ用のおやつをあげるようにしよう。

人間用のおかずをあげて味を覚えてしまうと、毎回欲しがるようになり、キャットフードを食べなくなってしまうかもしれない。

子ねこのときから人の食事に手を出させないしつけをしておくのが基本だが、時すでに遅しという場合、しばらくの間、食事どきはケージに入れておく習慣をつけるのも手である。また人間の食事時間のすぐ前に、ねこのゴハン時間を設け、満腹にしておくのも多少は効果がある。

傍若無人の「テーブル乗り」をやめないねこには、申し訳ないが、スプレー攻撃の隠しワザを試そう。テーブルに上がった瞬間、スプレー容器の水を背中や腰のあたりにシュッとかけるのだ（スプレーの代わりに水鉄砲でもいい）。容器は見られないように隠しておき、水をかけるのもねこの死角からひと吹きすること。やっている姿を見せてしまうと、ねこは自分のことを棚に上げて「なんてひどいことをするヤツだ」と飼い主を逆恨みしかねない。

ねこは体を濡らすのを嫌うので、「テーブルに上がるたびにイヤな思いをする」とわかれば、問題行動は必ず減っていくはずだ。

「カーテン登り」を上手にやめてもらうコツ

ねこという動物は上下運動を好み、もともと木登りも得意である。

屋外でのびのび暮らせないねこは、室内で上下運動に励むことになるが、中には「カーテン登り」を日課にしてしまうねこもいる。ツメの引っかかり具合がいいので、室内で木登りの気分を楽しんでいるわけである。

これをやられると、カーテンが新品であろうと高級品であろうとボロボロにされ、ひどいときはレールから外れかかったりする。

ねこは面白くて登っているのだが、ツメが引っかかったまま宙吊りになってしまったり、ツメが外れずに大暴れしてツメを折ってしまうこともある。

登る途中で落下してケガをしてしまう危険性もあり、すぐにやめさせるべき遊びである。対策としては、ねこが嫌うにおいをまめにカーテンにスプレーするか、ツメの引っかかりにくい素材のカーテンに替えること。留守にする際はカーテンをたたんで留めておくか、ねこが届かない高さまで上げて縛っておくのも有効だ。

そして大事なのは、カーテン登りの代わりに上下運動を楽しめる場所をつくってあげること。

キャットタワーやねこ用アスレチックを用意してやるか、家具で段差をつけて昇降運動のできるスペースをつくってあげよう。

もちろん飼い主がときどきおもちゃで遊んでやることも大切である。

また、使っていないカーペットがあれば、丸めた状態で部屋のコーナーに立てかけて置いてやるといい。

ねこは登ったり降りたりけっこう大喜びで遊ぶ。カーペットはズレないように縛り、倒れたりグラつかないよう床にしっかり固定して設置しよう。ツメのかかり具合も丁度いいので、カーテンには見向きもしなくなる。

イヤがらずに、ツメ切りをさせてもらう裏ワザ

ツメ切りをイヤがるねこは多く、飼い主がツメ切りを持ち出すだけで逃げてしまうねこもいる。ツメはねこには大事な武器だし、「ツメ研ぎしていつでも使えるようにしているのに、よけいなことするニャ」という気持ちなのかもしれない。

しかし、家具などへの被害を減らすだけでなく、ツメが伸びすぎると肉球に食い込んだり折れてしまうこともあるので、伸びてきたらねこ用ツメ切りで先端を切ってやるようにしよう。

ツメは出し入れ自由でふだんはしまってあるが、子ねこのうちは出し入れができないので飼い主が切ってやることが必須だ。早くからツメ切りの習慣を付けておくと、大人になってからも抵抗なくやらせてくれることが多い。

切るときは、ねこをひざの上にだっこするか台の上などに乗せて後ろから抱える

ようにして、足先を軽く持って下から肉球を支える。親指でねこの指先を押すと、クイッとツメが出てくるので、先端の透明なところを2ミリ程度カットしてやる。なるべくツメ切りをねこから見えないようにして、足先をそっと持つのがコツだ。ツメの中のピンクに色が変わっている部分は血管が通っているので絶対に深ヅメしないこと。ここを切ってしまうと「ギャッ！」とものすごい声を上げて逃げていき、〝ダンナ、二度とツメ切りはごめんダゼ〟という拒否状態になってしまう。

ツメ切り嫌いのねこにうまい方法はないかと悩む飼い主は多いが、なかなか決め手はない。ただ、ふだんから足の裏や肉球をマッサージしてやるクセを付けておくと、足にさわられるのが平気になるのでツメ切りがしやすくなる。

あとはタイミングで、なるべくリラックスしているときに行うことだ。狙い目は熟睡中のときと、日なたぼっこしながらうたた寝しているトロトロ状態のとき。とくにイビキをかいて寝ているような熟睡タイムは意外に成功率が高い。そっと近づいて、そっと足を持ち上げ、順番に切っていこう。「何かされているニャ」と気づいた頃には終わっているくらい手早く行うのがコツだ。

できるだけうまく「シャンプー」をさせていただくには

先祖が砂漠地帯に住んでいたねこは、体が濡れることを極端にイヤがる。もちろんたいていのねこはシャンプーも苦手だ。

短毛種で完全な室内飼いなら、体はほとんど汚れないので、ときどきブラッシングをして、体を蒸しタオルで拭く程度で十分。シャンプーはノミがわいたときくらいでいい。

長毛種の場合は、ブラッシングだけでは汚れが取りきれないので、月1回程度の割合でシャンプーをしてやるのがいい。シャンプーは飼い主側も苦手意識が強いが、手際よくやる要領を覚えると、ねこも慣れてきて暴れたりはしなくなる。

シャンプーは必ずねこ用のものを使おう。毛玉やもつれた毛はそのまま洗うとよけい固まってしまうので、先にブラッシングして必ずほぐしておこう。

さてシャンプーの手順だが、ねこは最初にいきなり体にシャワーをかけられるの

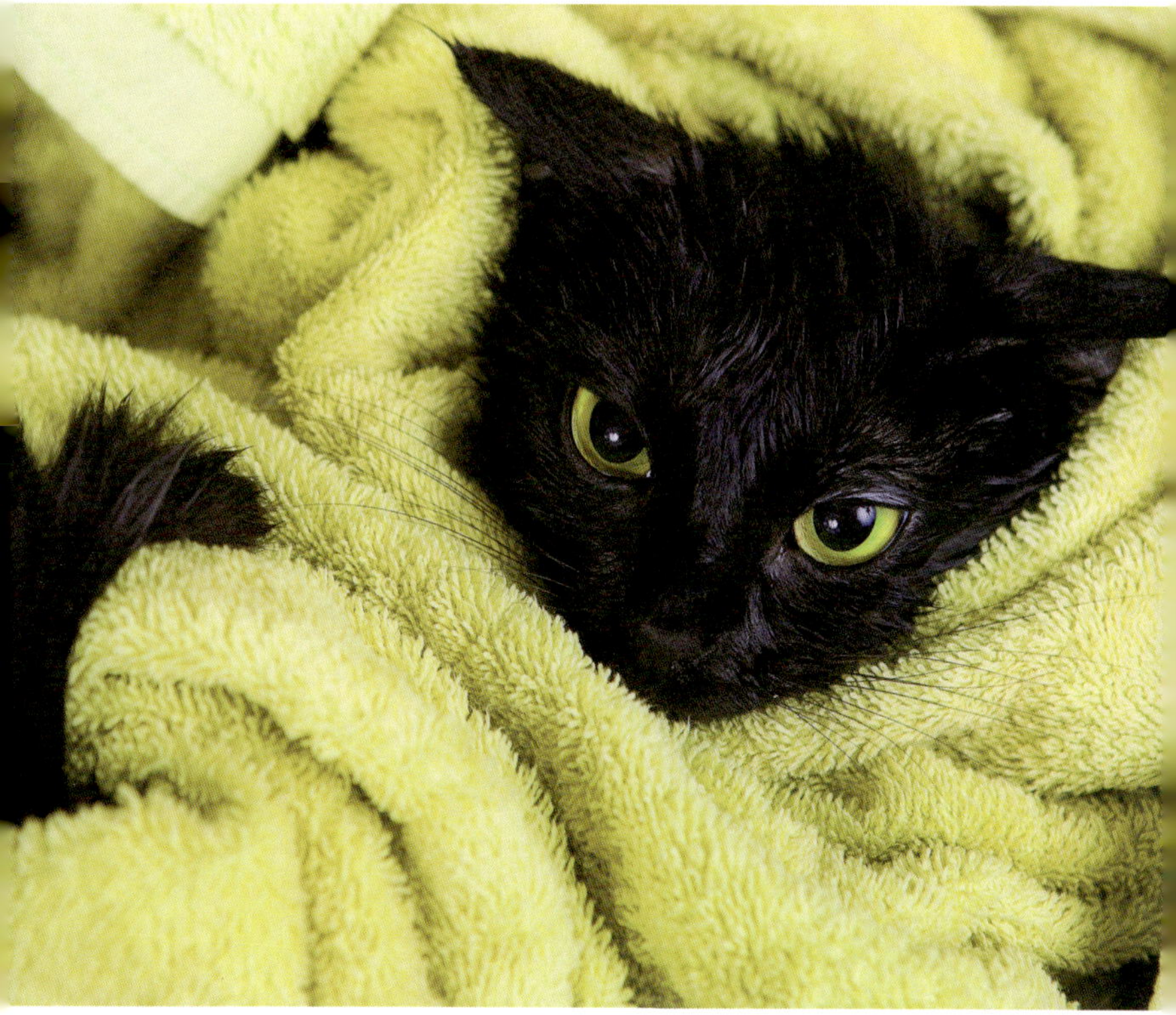

を最もイヤがる。ここで暴れないようにするには次の手順でやってみよう。

まず大きめのたらいを用意し、お湯を張ってシャンプーを溶かし、その中へねこの体をゆっくりつける。お湯の温度は少しぬるめの37℃前後。顔にはお湯をかけないようにし、とくに耳にお湯が入らないよう注意すること。

たらいから出したら、手でもみ洗いしてよく泡立て、背中、腰、腹、両足の順で丁寧に洗っていく。シッポの付け根やお尻もよく洗い、洗い残しのないのを確認してから、シャワーでよくすすぐ。シャワーもぬるめに設定し、あまり水圧を強くせずに、飛沫が上がらないように体の近くからかけてやるといい。顔は手やスポンジでおおってお湯がかからないようにする。

くまなくシャンプーを落としたら、すぐ大きめのバスタオルでくるんで全身を拭く。肝心なのは、ここで水気をしっかり取るためにタオルを2～3枚用意しておくこと。

濡れたら取り替えながら拭き、だいぶ乾いてきたら、仕上げはドライヤーとブラシで毛並みを整えておしまい。ドライヤーも苦手なねこが多いが、タオルでしっかり水気を拭いてやれば、夏などはドライヤーは不要になる。

お手製おもちゃで、留守番中のひとり遊びが充実

ねこのおもちゃには、ねこじゃらしのように人が使って遊んでやるものと、ねこのひとり遊び用のものがある。

家人が不在がちでねこの留守番機会が多いなら、ぜひひとり遊び用おもちゃを用意してやろう。

市販品もたくさんの種類が出ており、自分で転がしては追っかけて遊ぶものや、小動物や昆虫を模したものが多い。前足でチョイチョイと動かして遊んだり、押さえつけてねこキックを食らわせたりと、捕まえた獲物をもて遊ぶような遊び方ができるものが主だ。

33ページで紹介したキャットニップ入りのお手製おもちゃや、幼児用のスポンジボールのようなものでもいい。

ペットボトルを使って簡単につくれるおもちゃがあるので紹介しよう。

用意するのはペットボトル（280㎖か350㎖用）、ビニールテープ、ハサミかカッター、そしてねこのお気に入りのドライフード。

まずペットボトルのラベルをはがし、中をよく洗う。

ボトルの真ん中あたりに切り込みを入れ、縦横3センチ程度の小窓をあける。小窓のふちはねこがケガをしないようにビニールテープを二重に貼る。ちゃんと貼ること。心配だったら三重にしてもいい。

あとは中にドライフードを適量入れ、フタをしめてできあがり。

転がすとドライフードがカラカラ音をたて、うまい具合に回転すると小窓からドライフードが出てくる仕掛けだ。

小窓はスリット型に横長にしてもいいし、フードの出方で調節すればいい。

ただ転がして遊ぶだけでなくごほうびが出てくるので、ねこは面白がって遊ぶ。留守番中のおやつの補給にもなる便利なおもちゃである。

外泊の間、留守番を上手にしてもらうために

急な出張や泊まりがけの旅行の予定が入ったとき、ねこをどうするかというのはけっこう大きな問題だ。困るのは頼める相手がいないとき。

ねこを預かってくれるところというと、まずペットホテルがある。動物病院でも、ケージ等に空きがあれば預かってくれるところが多く、ペットショップでも店によっては預かりサービスをしているところがある。場所によって設備や料金は異なるが、いずれにしろ自分のテリトリー（なわばり）の外で丸1日過ごすだけでも、ねこにとってはかなりのストレスになる。神経質なねこだと食事をとらなくなったり、下痢や便秘を起こして体調を崩してしまうケースもある。じつはねこにとっては、1〜2泊であれば、自分の家で留守番していたほうがラクなのだ。寂しがりで甘えん坊といっても、ねこ族はもともと単独行動を好み、孤独にもわりと平気な動物。飼い主の不在よりも、環境がいきなり変わることのほうがつらいのである。

留守番させるとき注意すべきは、食事・トイレ・おもちゃの3点。食事は日数分より多めに用意し、ドライフードや煮干しなど、放置しても腐ったり悪臭を放ったりしないものを置くこと。水はいくつかの容器（ひっくり返したりしないよう安定性のよいもの）に分けてたっぷり用意していこう。最近ではペット用自動給餌器・給水器もあるので、活用するのもよい。

トイレはいつも使うもの以外にもう1～2か所用意し、砂はたっぷり入れておくこと。ねこは汚れたトイレを嫌うので、トイレが汚れっ放しだと容器の外にしてしまったりする。おもちゃは、飼い主が遊んでやれない代わりに、ひとり遊びで退屈をまぎらわすために必要。エネルギーが余ってしまうと「夜中の運動会」で張り切りすぎて、物をこわしてしまいかねない。ふだんよく使うおもちゃのほか、前項（101ページ）で紹介した、転がすとおやつが出てくるペットボトルなどは最適だ。

ただし、1頭で留守番させるのは2泊3日が限度と考えること。

それ以上の期間留守にするときは、専門のペットシッターさんに依頼する方法もある。先に面接をして、カギを預ける信頼関係をつくる必要があるが、毎日の食事の世話、トイレの掃除のほか、一定時間ねこの遊び相手にもなってくれる。

旅行に付き合ってもらうときの注意ポイント

2~3泊以上の旅行となると、飼いねこが寂しがりなのを知っている人は、その時点で旅行をあきらめてしまうケースも多いだろう。

「ねこがいるので旅行には行かない」という人は実際けっこう多いようである。

ねこはデリケートな動物なので、留守番や環境の変化によるストレスを与えたくない気持ちはわかる。

しかし、あまりにねこ優先の生活も考えものである。ときには旅のお供に連れ出して、外の世界を見せてあげるのもいいかもしれない。

車での旅行にお供をさせるときは、以下の点に注意しよう。

まずキャリーケース、ハーネス（胴輪）は必需品。これはふだんから慣らせておくほうがいい。好きなキャットフードと、トイレ用シート、バスタオル、ビニール

袋も用意したい。

酔って吐いてしまうことがあるので、乗車前4～5時間は食事や水を与えないほうがいい。

出発時にはキャリーケースごと座席に乗せて、同乗者がいる場合はまめに声をかけながら様子を見よう。

ケースから出す場合は必ずハーネスをつけて同乗者がリードを持っていること。座席におとなしく座っているようでも油断は禁物。急に暴れ出して運転席の下にでももぐり込んだらアクセルやブレーキ操作に支障をきたして危険だ。同乗者がいない場合はケースから出さないほうが無難。もし出す場合もリードを短くして助手席のヘッドレストなどに固定し、ねこが運転手のひざに乗ったりしないようにする。


一般にねこはテリトリーの外に出るだけで相当な不安を覚えるが、すぐ車に慣れて平気なねこもいる。

あらかじめ同行させることが決まっていれば、前日までに、いちど車に入れて車内を自由に点検させ、マーキング（自分のにおいを付けてなわばりを示す）させておくといいだろう。

トイレや食事は、サービスエリアなどでの休憩時に。

食事も水も少量だけ与え、欲しがらないならそのままでかまわない。注意が必要なのは、休憩時に車内にねこを放置しないこと。夏季だけでなく春・秋でも晴天の日は車内が高温になり、熱中症の危険がある。人間の赤ちゃん並みに弱い生きものであることを忘れないことだ。

宿泊地に着いたらすぐにトイレを用意してやろう。新聞紙にトイレ用シートを敷いた簡易トイレでもいいが、使っているトイレの砂を少量持参してやると、自分のにおいが付いているのでスムーズに用を足す。

最近ではペット同伴で宿泊可能なペンションやホテルも増えているので、ねこと一緒に旅に出かけてみるのも、ときには新鮮でいいかもしれない。

第4章

ねこが快適に暮らせる部屋づくり8のツボ

「安心して眠れる場所」を確保することが第一

ねこは1日平均15〜16時間寝るという。生後3か月くらいまでの子ねこだと20時間以上寝ていることもある。寝る、食べる、遊ぶ。あとはなわばりを点検したり、ボーッとしているだけでねこの1日はおしまい。仕事もせずにいい身分だなあと羨ましくなるが、ねこにとっては寝るのも仕事なのだ。

ねこの直接の先祖は単独で狩りをする「ヤマネコ」で、エサを獲る狩りのために体力を温存しておく必要があった。だからふだんは安全な場所でじっとして、よけいなエネルギーを使わないようにしていたのだ。家ねことして人に飼われるようになり、狩りの必要がなくなってからもその習性は残り、1日の大半を横になって過ごすというお気楽なライフスタイルができあがったわけ。

だから1日中眠くて寝ているわけではなく、大半は眠りの浅いうたた寝状態で、何かの刺激を感じればすぐに起きて反応できるのが特徴だ。ちゃんと睡眠をとる熟睡タイムは1日4〜5時間といわれ、飼い主はこの時間はじゃまをせず、安心して寝かせてやることが大事。

ねこは放っておいても好きな場所で勝手に寝るが、かといって「ご自由にどうぞ」とねこ専用の寝床を用意しないでいるのはねこにとって好ましくない。夜は飼い主のベッドを寝床にするねこの場合も、それとは別に、好きなときに誰にもじゃまされず睡眠をとれる寝床をつくってやるほうがいい。

寝床は市販のねこベッドでも段ボールに毛布やタオルを敷いたものでも何でもいいが、いくつか用意してねこが気に入ったものを使うこと。置き場所は、静かで、においや光などの刺激の少ない乾燥したところを選び、家族が多い家では、人の出入りの多い場所やテレビのそばなど騒がしい場所は避ける。また家族間で「ねこが専用の寝床にいるときはじゃまをしない」というルールをつくろう。

いつものんきに寝ているように見えても、熟睡タイムをしっかりとれないとねこにもストレスがたまるという。ねこは寝るのが好きというより〝安心して眠れる環境〟が大好きなのである。

ポイントさえ押さえれば、室内飼いでもストレスフリー

ねこはとにかくいろいろな場所で寝る。居間のソファやタンスの上、押し入れやコタツの中、パソコンデスク、人のひざや炊飯器の上、段ボール箱や紙袋、土鍋の中まで……。ねこが快適と思いさえすればどこでも寝場所になる。

こうした場所の多くは、しっかり睡眠をとるというより休息やうたた寝用のくつろぎ場所だ。

外出自由のねこの場合、屋外にもお気に入りのくつろぎ場所を持っているが、マンションなど限られたスペースで室内飼いをする場合は、必然的にくつろぎ場所も限られてくる。

そんな室内飼いのねこにストレスをためない工夫としておすすめしたいのが、「見張り台」と「隠れ場所」を用意してやること。

「見張り台」は、高いところが好きなねこの習性に合わせ、食器棚や書棚、タンスの上などに、周囲が見渡せる安全な場所を確保してあげるといい。広々したスペースより少し狭いくらいのほうがねこは安心する。市販のキャットタワーがあると便利だが、既存の家具と踏み台や箱を利用して安全に昇り降りできる足場をつくってやり、好きなときに昇れるようにするだけでも十分喜ぶ。

「隠れ場所」は、不意の来客や掃除機の音が大の苦手など、神経質で警戒心の強いねこにはありがたいもの。寝床とは別に、キャリーケースやねこハウスを押し入れやクローゼット、机の下などに定置しておき、いざというときの隠れ場所としてやるといい。人の視線や騒音からも逃れられ、「あそこなら安全」という緊急時の逃げ場所があるとねこは安心していられる。

高いところは周囲を見回して安全が確認でき、狭くて暗い穴のようなところは外敵から身を隠して休息するには絶好の場所。

野生の習性が残っているねこにとって、いずれもホッと安心できる場所なのである。

意外に知らない
ねこの「家庭内危険」をチェック

室内飼いのねこは、飼い主の保護のもと、何の危険も感じずのんびり暮らしているように見える。

しかし、家庭の中はねこにとってすべて安全かというとそうでもないのだ。たとえば、一般の住宅で危険スポットになりかねない場所としては次のものがある。

浴室……フタの上があったかいので昼寝の場所にするねこがいるが、追い炊きなどでお湯が高温になっているとき、フタがずれて落っこちたら大変。

キッチンのシンク周り……蛇口からもれる水滴を飲むのが好きなねこもいるが、シンクに昇って洗剤などで足を滑らせたとき、そばに包丁でもあったら危険だ。

キッチンのガス台周り……ウロウロして、火が付いているのに気づかずヒゲやシッポの先を燃やしてしまうねこもいる。火を使わない電磁式クッキングヒーターも調理直後だとかなり高温だ。うっかり足を乗っけて肉球をヤケドしてしまうこともあるので要注意。

電気炊飯器の上……ここもあったかいので箱座り（前足を胸の下にして丸まって座る）でうたた寝するねこがいる。フタの上部はけっこう熱くなるので、長く乗っていると低温ヤケドの恐れあり。

収納庫や押し入れ……密閉性の高い収納スペースは注意が必要。開け閉めのときねこが侵入していないか気をつけないと、知らずに扉を閉めてしまい、酸欠状態になってしまうことも……。

温風ヒーター……石油やガスの温風ヒーターで、上部に押しボタン式スイッチがあると、ねこが踏んで着火することがある。置き場所がまずいと火事になる恐れがあり、ねこへの危険というより住居の危険となる。チャイルドロックなどをセットして誤ってスイッチが入らない状態にしておくこと。

ほかにも、洗濯機のフタが開いていて覗いているうちに落ちてしまったり、カーテンをよじ登っていてツメが引っかかり、ブラーンと宙ぶらりになってしまったり、

トイレに一緒に入ったのを飼い主が気づかずそのまま閉めて外出し、一日中閉じ込められていたとか、紙袋に入って遊んでいた子ねこがそのまま眠ってしまい、「燃えるゴミ」で出される寸前だった、などという例もある。

とにかく、ねこはまさかと思うような場所に体を突っ込みたがるし、とんでもないところで寝ていたりする。いちど怖い思いをしたらねこも多少は学習するが、ケガをしてしまってからでは遅い。

飼い主は日頃からあらゆる事態を想定して、ねこの居場所をまめに確認する習慣を付けておこう。危険なところにねこが近づいたら、大きな音を立てて警告し、近寄らせない工夫をするのが大事である。

ねこも快適！
抜け毛の季節にぴったりの掃除法

ねこの毛はよく抜ける。

とくに春は冬毛から夏毛、秋は夏毛から冬毛に変わるため、ブラッシングしていても毎日大量に抜ける。

ねこのいる家では、ちょっと掃除をなまけると抜けた毛が部屋のすみにたまり、ホコリを吸ってふわふわし始める。

アレルギーの原因ともなるので、ねこを飼うならまめな掃除は不可欠なのだ。

厄介なのはこの抜け毛が非常に細くて軽く、掃除をしても舞い上がった毛はまた家具や床に軟着陸してしまうこと。

家中に掃除機をかけて拭き掃除でもすればいいのだが、ほとんどのねこは掃除機の騒音が大嫌いときている。

では毛を舞い上がらせず、騒音も立てずに効率よく掃除するには？

それには古典的な方法がおすすめ。まず新聞紙を水で濡らして、ギュッと絞り、細かくちぎりながら部屋全体にまく。すみっこを重点的に、ほぼ等間隔にまくのがいい。あとは柄付きほうきなどで掃き集めていくだけ。

新聞紙の水分とインキの油分が吸着剤代わりになり、抜け毛もゴミも大量に取れる。何よりホコリを舞い上げないのが助かるし、洗剤代もかからず、ねこを驚かせることもない。ただし難点は、新聞紙の水を絞るときインキで手が黒く汚れること。白系統の床材にはインキが付着する可能性もあるので、いちどテストしてから使おう。気になるときはティッシュペーパーを代用品にするのもいい。

そこまで手間をかけたくないという人は、掃除をする前に部屋の中で、宙に向かって霧吹きで水を軽く撒《ま》いてみよう。部屋が保湿され、抜け毛が舞い上がりにくくなる。

トイレをもっと気持ちよく使ってもらうために

清潔好きで知られるねこにとって、いちばんイヤな飼い主とは？

それは、トイレを汚れっ放しにして平気でいる飼い主だろう。

小のときも大のときも、ねこはトイレ後にせっせと砂をかけて排泄物を隠す。これは単独行動型のハンターであるねこが自分の存在を獲物に悟らせないよう、においを消すための行為だといわれている。

だから、ねこのオシッコもウンチも十分クサいが、清潔なトイレの砂がたっぷり用意されていれば後始末は万全にされ、あまり排泄臭はしないものだ。

ところが、トイレに数回分の汚物がたまっていたり、砂の量が不足していると、汚物を砂で隠しきれなくなり、とたんに悪臭を放つようになる。

汚れたトイレはそれだけでねこにストレスを与えてしまう。神経質なねこは汚れたトイレを嫌って、その「すぐ外」で用を足したり、仕方なく別の場所でするようになる。

ご丁寧に、トイレのそばにあったスリッパの上や玄関のパンプスの中に固形物を落下させていくねこもいる。飼い主への無言の抗議なのかもしれない。

そんなことにならないためにも、トイレ掃除は1日最低2回は必要だ。飼い主が家にいるときは、排泄後なるべく早く汚れた部分を取り除くようにしよう。次のときねこも気持ちよく使えるし、砂全体に汚れが拡散しないので長持ちする。

汚れたままの部分が多くなると、次の排泄時に前の固まりを崩してしまうこともあり、尿を吸着していた砂が細かく崩れてだんだんにおいを発するようになる。それに砂をかなり掘ってから用を足すねこもいるので、砂の量が少ないと尿がトイレの底に達して砂で吸着できなくなり、においが広がりやすいのだ。

また、ねこは足裏の肉球が濡れたり汚れたりするのをとくに嫌うので、砂全体がジメジメし始めたら全体を取り替えること。

2頭以上で飼う場合は、別のねこのにおいがするとイヤがるので、トイレも頭数分用意するのが基本。立場的な優劣がはっきりしている場合は、優位なねこが2か所独占してしまうこともあるため、できれば頭数プラス1個のトイレを用意するのが理想。

思わぬ危険が！「誤食」を防ぐためのキッチン整理術

食事に関連して、意外に多発しているのが危険物を口に入れてしまう「誤食」「誤飲」によるトラブルだ。発見が遅れるとねこの命にかかわることもあり、飼い主は危険なものを放置しないよう日頃から注意しておく必要がある。

いろいろな食材が置かれ、生ゴミが出るキッチンはとくに危険が多い。

たとえば三角コーナーの生ゴミ。食べ残しのチキンや魚を入れておくと、ねこが勝手に食べて骨をのどに引っかけやすい。チキンの骨は先端が鋭く裂けやすく、食道にでも刺さってしまうと大変である。

焼き鳥の串やつまようじも、においが付いているので口にしやすく危険だ。

まさかこんなものを……という予想外のものを口に入れてしまうこともある。

事例の多いのは、食べものを覆っていたラップや包装トレー、輪ゴム、ビニール

袋、ビニールひもなど。

においにつられて噛んだりしているうちに飲み込んでしまうことが多い。嘔吐したり、急に食欲がなくなったりしたら要注意だ。対策としては、生ゴミや残飯、食べものの付いたゴミは放置せず、まとめてすぐフタ付きのゴミ容器へ捨てること。食事のあとテーブルに食べ残しを置いたままにしておくのもやめよう。

串やつまようじ、鶏や魚の骨は、尖端《せんたん》がはみ出さないよう新聞紙に丸めて捨てる。輪ゴムやビニール袋などはテーブル上に出しておかず、棚や引き出しにすぐしまうクセを付けておこう。

もし異物を飲み込んで様子がおかしいときは、すぐに動物病院へ連れて行くこと。食道や内臓を傷つけることもあるので、一刻も早いほうがいい。

口の中に小骨が刺さっているのがわかるようなときは、ねこの口を開けて、毛抜きなどで抜き取ってやろう。

ただしねこはじっとしていてはくれない。暴れて、かえって器具で口の中を傷つけてしまうこともあるので無理は禁物だ。

中毒の危険を防ぐ！ 観葉植物の上手な置き方

ねこに食べられては困るものといえば、観葉植物や生花がある。

葉や花を食べるのは、ねこ草同様に毛球を吐き出すためだとか、体に必要な栄養素（葉酸など）が含まれているから食べるのだとか諸説あるが、好奇心や退屈しのぎで葉や花をかんだりなめたりしているうちに食べてしまうことも多いようだ。

飼い主のガックリ度も大きいが、それよりも問題は、身近な植物にはねこが食べると中毒を起こすものが想像以上に多いことである。

中毒を起こす主な植物を症状ごとにあげておく。

- アイリス、ジンチョウゲ、ツツジ、キョウチクトウ、アザレア、アイビー……下痢・嘔吐・ヨダレ・頭痛など。
- アジサイ……シアン中毒。
- アサガオ……幻覚症状。

●スズラン、トリカブト……心臓への毒性があり動悸や心不全の危険あり。
●シクラメン……神経がマヒし、死に至ることも。
●ポトス……嘔吐、血便、腹痛、発熱。
●ベゴニア、アロエ……口中や食道の痛みと腫れ。
●ジャスミン、スイセン、ヒアシンス、チューリップ、ヒガンバナ、サフラン……球根や根を食べると下痢や嘔吐など中毒症状を起こす。

口にしても通常は吐き出してしまい、飲み込んでも必ず発症するとは限らないが、中毒を起こすと重症になりやすく危険だ。

対策としては、毒性のある植物類は部屋に置かないことがいちばんである。それでも部屋に置きたいという場合は、植物にねこを近づけないこと。

植物を置いてある場所の下にアルミホイルを敷くという裏ワザもある。ホイルの感触をほとんどのねこが嫌うので、その場に近づかなくなる。ホイルは移動しないよう両面テープで数か所固定すること。

ねこの最も苦手な「大工と引っ越し」の対処法

ねこが昔から大の苦手とするのは「大工と引っ越し」といわれている。

見知らぬ人が家に上がり込んでドカドカ音を立てたり、ひっきりなしに人が出入りして物が動くのはとても耐えられないのだ。

こういうときは安全な隠れ場所としてケージやキャリーケースを利用するのがいい。リフォームなどで職人さんが出入りするときは、作業場所からなるべく遠い押し入れなどにキャリーケースを置き、中に逃げ込めるようにしてやろう。臆病なねこの場合、いちばん静かな部屋にケージを置いて閉じ込めておくのもいい。

あまり騒音が激しいときは、いっときねこ好きな知り合いの家やかかりつけの動物病院に避難させるのもねこにとっては良策である。

引っ越しのときは、作業が始まる前に必ずケージやキャリーケースに入れておくこと。人の声や家具を運び出す騒ぎに驚いて逃げ出してしまうことがよくあるのだ。引っ越し時には、そのまま運び出して車に乗せるようにする。飼い主がだっこしてもいいのは車に乗ってねこが落ち着いてからだ。初めからだっこして移送しようとすると、ねこは途中でパニックになって暴れて逃げてしまうことがある。

引っ越した当日の夜は、移動の緊張や環境の激変でストレスも最高潮になるので、ケージに入れたままリビングなどに置き、そっとしておくのが無難だ。寝床で使っていた毛布やタオルを入れておくと、自分のにおいがするので安心する。

翌日はケージの扉を開けて、出たいときは自由に出られるようにしておく。トイレはそれまで使っていたものを置き、オシッコに出てきたとき、ついでに周りを探検するようになれば次第に慣れてくる。

まだビクビクした状態なので、飼い主は無理に家中を見せて回ったりせず、やさしく声がけしたり、体をなでて安心させよう。引っ越し後数日は逃走する危険があるので、玄関や窓の開閉には十分注意が必要だ。

第5章

ねこの体を守る8のツボ

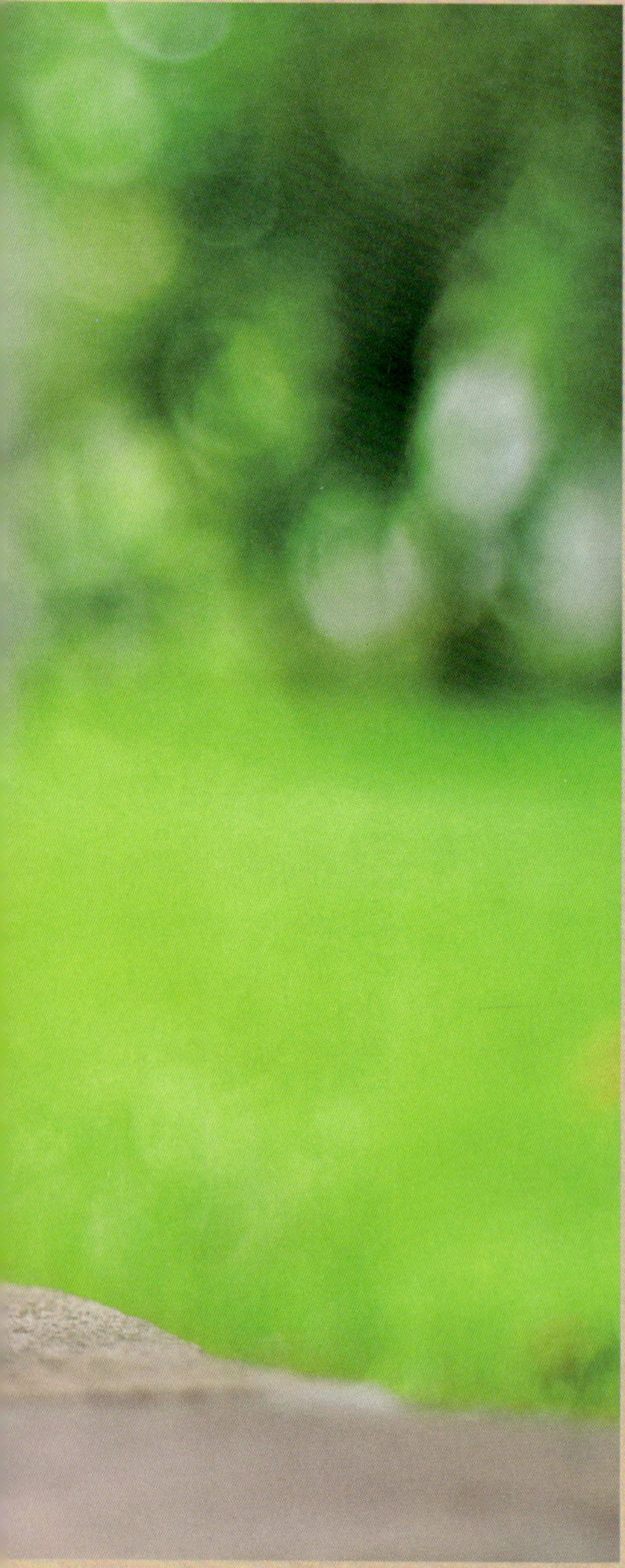

ケガやトラブル時の応急処置を覚えておこう

平和で安全な室内飼いの環境でも、ねこが思いがけないケガをすることがある。たとえば、ねこはどんな高いところから落ちても見事に着地するというが、見張り場所のタンスの上から誤って落ちただけでも、打ちどころが悪ければ骨折することもあるのだ。

大きなトラブルの場合、何をおいても病院へ連れて行くのが第一だが、万一のときの応急手当の方法を覚えておこう。

●ヤケドを負った場合……水で濡らしたタオルかガーゼを患部にあて、流水で冷やす。患部が広い場合は濡れタオルでくるみ、氷や冷却剤などで上から冷やす。パニックになりがちなので、ねこが落ち着いてから病院へ連れて行く。

●骨折した場合……折れている可能性があるときは、平らな棒で副木をして包帯などで固定する。アイスキャンデーの棒や割る前のわりばしなどを切って使うといい。

●切り傷や刺し傷……小児用の消毒液や消毒うがい薬を薄めて傷口を洗い、包帯やガーゼを巻いて絆創膏《ばんそうこう》で固定する。外傷用の軟膏などはねこがなめてしまうので塗らないほうがいい。

●針や釣り針が刺さったとき……縫い針などは、奥に入り込まないよう注意して先の細いラジオペンチなどで慎重に抜き取る。ルアーなどの釣り針が刺さったときは、無理に抜こうとせず（先端にかえしが付いているのでよけい傷つける）、奥に押し込んで先端を出し、ラジオペンチで先端を切る。

切り傷などの軽傷以外は、応急処置後すぐに病院へ連れて行くこと。

吐くけど平気？
あぶない吐き方を見分けるポイント

ねこに不慣れな人は、突然ねこが咳き込んだようになって「グホッ、グホッ」と吐いたりするとびっくりするだろう。

ねこはわりと吐くことの多い動物で、せっかく食べたものを食後全部もどしてしまったり、ねこ草を食べてはオエッと毛球を吐いたりする。

ほとんど毎日のように吐いているねこもいるだろう。

よく吐くねこだと飼い主も慣れっこになりがちだが、吐いたものの状態がいつもと違ったり、滅多に吐かないねこが吐いたりすると「もしかして病気？」と不安になることがあるはず。

そこで、同じ「吐く」でも「あまり心配のいらないケース」と「病気などの可能性がある要注意ケース」を見分けるポイントを覚えておこう。

まず吐いたものをよく見ること。

食べものが未消化状態で出ていたり、毛の固まりだけ吐くのであればとくに心配はない。ドライフードが形を残したまま出ているときは、ガツガツと一気食いしたり食べすぎが原因であることが多い。

ねこはほとんど丸飲みするので、詰め込みすぎて許容量オーバーになると胃や食道が反射的にもどしてしまうらしいのだ。

水っぽい泡まじりの液体（胃液）と一緒に毛球を吐いている場合も、たまに見られるならねこの生理現象なのでとくに心配はない。

注意すべきは、吐いたものに食べもの以外の異物が混じっていたり、妙な色がついているときだ。

胃液がピンク色をしているときはどこかで出血している可能性が高く、吐いたものが黄色っぽい場合は胆汁が逆流していたり胃炎などの疑いもある。

変な固形物が混じっていたら何かを誤飲した可能性もあるので、よく見たうえで（ほぐしてみたら毛の固まりだったということもある）、保管して病院へ持参するといい。

吐いた前後の様子もよく観察しよう。

とくに注意すべきは何度もくり返し吐いたり、吐いたあとも元気がなく食欲もない場合だ。

ふだん吐かないねこが急に吐くようになったり、下痢を起こしているときも要注意。嘔吐と下痢はさまざまな病気の初期症状に見られるので、症状が続くようならすぐ病院へ連れていくことだ。

一方、出すのは食べたものと毛球だけで、吐くときは苦しげでも〝吐いたあとケロッとして、いつもどおり元気でいる〟場合はとくに心配する必要はない。ただ、あまりしょっちゅう吐いていると食道を傷つけたりする可能性もある。一気食いしては吐いてしまうねこには、フードをいちどにたくさん与えず、小分けにして食事の回数を増やしてやることでだいぶ解消できるはずだ。

目で見る健康診断、ウンチのチェックポイント

毎日のトイレ掃除は、飼い主にとってねこの健康をチェックするという大事な役目もある。ねこの体調の変化はウンチやオシッコの状態に表れやすいのだ。ウンチはとくに健康のバロメーターとなるので、日頃からしっかりチェックしたい。

健康で正常なウンチはコロッとしていて、ねこ砂もあまりつかず、スコップでさっと拾える程度の固さがある。

軟便といえるのは、スコップですくうと形が崩れてしまうやわらかいウンチ。においもきつく、周りにトイレ砂がたくさんくっつく。体質によって軟便気味のねこもいるが、ふだん固いのに急に軟便が続いたときは、何か消化器系のトラブルを起こしている可能性がある。

さらに注意が必要なのは、水分を含んでドロッとした泥状ウンチや、水分が多く形にならずに流れてしまう水様状ウンチ、白っぽい粘液の混じった粘液ウンチ。いずれも下痢を起こしているので、ふだんと違ったものを食べていないか、ねこの様子に変わったところはないかチェックしたほうがいい。単に消化の悪いものを食べただけでも下痢を起こすが、症状が続く場合は病気が潜んでいることが多いのだ。

ウンチの色にも注意しよう。血便が出て、少量の真っ赤な鮮血が混ざるときは大腸、直腸、肛門などの異常の疑いがある。濃いチョコレート色や赤黒いウンチが出たときも血が混じっている可能性が大きい。真っ黒でゆるいタール状のウンチのときは胃や腸から大量に出血している恐れがある。いずれもすぐに動物病院で診察を受けること。その際、便をビニール袋などに入れて持参するといい。

ウンチはにおうのでササッと砂ごとすくってすぐ捨てる飼い主が多いが、ふだんからよく観察するクセを付ければ、異常にもすぐ気づくことができる。

ウンチこそ目で見る健康診断なのだ。

お口の様子から全身の健康状態もわかる！

ねこの健康に意外に大きくかかわっているのが口の中だ。

口内炎や歯周病などで口の中が痛むと、食べものを口にしてもすぐ吐き出してしまい、食欲がなくなってしまう。症状がひどくなると何も食べられず、水や流動食さえ飲むことができなくなって衰弱してしまうことも……。また口内に繁殖した細菌が歯肉から体中に回り、肝炎や腎炎などを引き起こすこともあるのだ。

とくに、ねこに次のような変化が表れたら要注意。

- やわらかいものしか食べなくなった。
- 口をさわろうとすると抵抗する。
- 口がひどくにおうようになった。
- ときどきヨダレをたらすようになった。

- よく食べものをこぼすようになり、食べにくそうにしている。
- 歯ぐきや舌の一部が赤くなっている。
- 食べているとき歯がキシキシ音を立てる。
- 片側の歯だけでかんでいる。
- 前足で口をぬぐうような動作をする。

これらの症状が表れたら口内炎や歯肉炎がすでに進行している可能性が高い。

口内炎は歯石がたまりすぎたり、口の中に魚の骨など異物が刺さったときにも起こる。また「猫白血病ウイルス感染症」や「猫免疫不全ウイルス感染症」などの病気にかかって免疫力が低下したときにできやすく、なかなか治らないので深刻だ。

口内のトラブルをいち早く見つけるため、ふだんからときどき口の中をチェックしてやることが大事。

もし異変を感じたら早めに動物病院で診てもらうことだ。

歯周病予防に効く！「指ガーゼ歯みがき」

肉食獣のねこはもともと歯が丈夫にできている。

ところが人間に飼われてぬくぬくと暮らすようになってから歯が弱ってしまい、歯周病になるケースも少なくない。

原因の多くは、やわらかいキャットフードばかり食べているため歯石が付きやすくなること。歯石がたまると歯肉を押し上げ、歯肉炎などになりやすくなるのだ。

予防には、やわらかい食べものばかり与えず、子ねこのうちからドライフードや煮干しなど固いものにも慣れさせておくこと。

あとはできれば歯みがきを習慣づけることだ。歯石が付くのは2〜3歳からなので、それ以前に覚えさせるといい。

手順としては、離乳期のあたりから歯みがきの予行練習を始めておくのが理想的だ。最初は、あごや口元を指でなでる訓練からスタート。慣れてきたら、あごを片手で下から支えながらもう一方の手で唇のはしをめくり、指を入れて歯や歯ぐきをなでるのに慣れさせる。子ねこも抵抗するので、あまり無理せず少しずつ慣れさせるつもりでやろう。男性はとくに力の入れすぎに注意だ。あごをグワシとつかんで力まかせに指を入れたりすると、ねこは怖がって顔をさわらせなくなってしまう。

次第に慣れてきたら、いよいよ歯みがきを開始。磨くといっても目的は歯石の元となる歯垢を取ることなので、1日1回、湿らせたガーゼを指に巻いて歯の表面をこすってやればOKだ。歯の裏側は歯石がたまりにくいので磨く必要はない。

口を開けさせるのでなく唇だけめくって手早く上下の歯をこするのがコツ。ねこ用歯ブラシも市販されているので、こちらを試してみてもいい。

毎日は無理でも、週に2~3回の歯みがきを習慣づければ、歯周病の予防効果はグンと上がる。若いうちはあまり必要性を感じないが、高齢になってもちゃんと食事ができて健康を維持していくために、お口のケアは大事なのだ。

医者からもらった薬を確実に飲ませるコツ

医者にかかって薬を処方されても、投与回数などの指示を守りながらねこに確実に飲ませなければ、効果も期待できなくなる。

通常は薬を処方されるときに病院から「飲ませ方」のアドバイスを受けるが、不慣れな場合、実際やってみるとねこの抵抗にあってうまくいかないものだ。

ねこにしてみれば口の中に異物が入ってくるわけだから、「ニャんだこれは」と吐き出したくなるのも無理はない。薬のタイプ別に、確実に飲ませるコツを覚えておこう。

錠剤やカプセルの場合は、片手でねこの頭を後ろから支え、顔を上向きにして口の両わきを持って開かせる。もう片方の手で舌の奥に錠剤を放り込み、口を押さえて飲み込ませる。舌で錠剤を出そうとするので飲んだのを確認してから手を放す。ほかに人がいれば前足を持っていてもらうと抵抗を防げる。1人の場合はねこをテーブルなどに乗せ、体でねこを押さえるようにしながらやると引っかき攻撃を防げる。飲み込んだら「よくできたねー」とほめてやろう。

食べものに混ぜて飲ませる方法もあるが、器用に薬だけよけて食べたり吐き出してしまうねこもいるので、手で入れてやるほうが確実だ。

シロップ類など水薬の場合は、スポイトに入れて使う。ねこの頭を後ろから包み込むようにして支え、口角の少したるんだ部分からスポイトで口の中へ流し込む。

粉薬の場合は、水かぬるま湯に溶かして水薬と同じ方法で飲ませる。チーズやヨーグルトが好きなら、薬を混ぜて一緒になめさせてもいい。

吐き出さない毛球対策には
スプーン1杯のオイル

ねこはしょっちゅう自分の体をなめて毛づくろいをしている。

まめに毛づくろいをするのはいくつか理由があり、第一には体を清潔に保ち、においを消すため。舌でなめたりツバを付けた前足でなでることで汚れを落とし、よけいなにおいをなめ取っているのだ。忍び寄り・待ち伏せ型ハンターのねこは、においで獲物に気づかれないよう体臭を消す必要があったわけ。

第二には、リラックス効果。ザラザラした舌でなめてマッサージすることで精神的にもリラックスする。

第三には、体温調節。ねこは汗をかかないので、暑いときは体をなめて唾液が蒸発する気化熱で体温を下げている（打ち水と同じ原理）。

第四には、ビタミン補給。日なたぼっこして日光を浴びると体表にビタミンDが生成される。これをなめることで自然と栄養補給になっているのである。

毛づくろいはこれだけ理由がある大事な日課なのだが、問題はどうしても毛づくろいで多量の抜け毛を飲み込んでしまうこと。

そのためにもまめなブラッシングで古い毛を取り除くことが必要なわけだが、ねこ草も食べず、ヘアボール（おなかにたまった毛球）も滅多に吐かないねこの場合、どうしても飼い主は毛球症にならないか不安になってくるだろう。

とくに長毛種のねこは換毛期の春から初夏など、なめ取った毛のゆくえが心配になってくる。

そういうときの安全な裏ワザとして、キャットフードにサラダオイルを混ぜる方法がある。

週1回程度、大さじ1杯くらいのサラダオイルをゴハンに混ぜてやるだけで、油脂分が胃にたまった毛球をスムーズに排泄させる手助けをしてくれるのだ。

においをイヤがらなければオリーブオイルでも同様の効果が得られる。

ワクチンのようにオイルだけをスプーンで飲ませようとしても普通は無理なので、好物のねこ缶などにうまく混ぜて食べさせるようにしよう。

ねこの健康に効果大、皮つまみマッサージ法

飼いねこの皮膚を「なんでこんなに柔らかくて伸びるのかねー」と思いながらぷにぷにつまんで遊んだことがある人は多いだろう。

体の部位によってはビヨーンとよく伸びるし、ねこがイヤがり抵抗するところもあれば、つまんだり伸ばしたりをくり返しても平気なところもある。

じつはこの皮つまみにも効用があり、免疫力維持や病気予防効果などのメリットがあるそうだ。

やるときはねこの機嫌がよくリラックスしているときを選び、食前食後や寝起きは避ける。ただし、もともと体をさわられるのを嫌うねこには向かないので注意。

つまむときは、ねこが痛がったりしない強さに加減し、平気かどうか様子を確認しながらやること。

自分の腕などの皮膚をつまんでみて、痛くない力加減を確認するといい。

爪は立てずに（事前に切っておく）指のはらで厚めにつまむようにして、被毛や皮の薄いところだけつままないように。

狭い部位は指2～3本で、背中などつまみやすく広い部位は両手の指全体を使ってつまんでやろう。

あとは、まず体をなでてやって、首の後ろや背中など、ふだんさわられることに慣れている部位から始めるといい。

一例をあげれば、背中はまず、背骨にそって両手の指で皮膚をつまみ上げて、おろす。ゆっくり5～10回が目安。気持ちよさそうにしているなら、つまんだまま軽く左右にひねりを加えてやる。背中のツボを刺激し、足腰の強化や免疫力維持の効果が期待できるそうだ。

あとは、あごの下、首の後ろ、頭、耳、わきの下、ひじ、ひざなど、5～10回ずつつまんでやると、さまざまな病気予防やリラックス効果が得られるという。

COLUMN2

捨てねこを拾ったときの健康チェック法

ねこを飼い始めた動機として、いまだに上位にくるのが「子ねこを拾った」というもの。もし子ねこを拾ってしまって、飼う覚悟を決めて家に連れ帰ったなら、まず全身の健康チェックを念入りにすること。飼いきれずに人に捨てられた家ねこならまだいいが、野良ねこの子だとどんな病気を持っているかもわからないのだ。最初にまず全身をチェック。どこかにケガをしていないか、歩き方はおかしくないか、毛が禿げていたり皮膚にかさぶたなどはないか、体にさわりながら確認しよう。また肛門が汚れていたりジクジクしていると下痢を起こしていることが多い。

次に新聞紙やバスタオルの上で毛をすいてやり、ノミがいないかをチェック。クシですくとノミがいれば新聞紙の上にプチプチ落ちてくるし、地肌に黒いカスがあったら白いタオルやティッシュの上で水を垂らして調べよう。赤くにじんだらノミのフンだから、ノミ駆除が必要になる。

頭部は、目、耳、鼻、口の中を必ずチェック。目ヤニがたくさん出ていたり、目尻から瞬膜《しゅんまく》がのぞいていたら目の異常や体の不調のしるしだ。耳の入口に灰色や黒褐色の垢がたまっていたら耳《みみ》疥癬《かいせん》(耳ダニ)がいる可能性もある。耳をかいたり頭を振ったりしないかも注意しよう。鼻は通常適度に湿っており、カピカピに乾いていたら体調不良の可能性あり。鼻水や鼻づまりはウイルス性疾患の疑いが。口は唇をめくって歯ぐきを見て、赤くなっていたら(通常はピンク)口内炎の疑いがある。

以上のチェックでひとつでも気になるところがあれば、動物病院へ連れて行って検診を受けたほうがいい。元気に見えても子ねこは体力も抵抗力も弱く、急速に衰弱してしまうことがある。

異常があれば早めに処置してから飼い始めることだ。

本文デザイン:寺尾友里
編集協力:オフィスM2(宮下真)

＜カバー写真＞
©by CaoWei ／ Getty Images, hocus-focus ／ istock.com
＜本文写真＞
©magdasmith, wanlopn, DeanDrobot, lopurice, 3sbworld, Linda Raymond, DavidCallan, Konstantin Aksenov, guruXOOX, elenasendler, SetsukoN, jakubzak, Seregraff, SIBAS_minich, vvvita, skodonnell, ichz, anurakpong, mrPliskin, RalchevDesign, Aksenovko ／ istock.com
©田中光常、深尾竜騎、的場章、丹羽修、土岐光、相澤秀仁＆相澤京子／アフロ
© StudioKIWI,saiko3p,makieni,ValerioPardi,andrewpotter4,Kalcutta, Chendongshan,gennady,turlakova ／ shutterstock.com

本書は、２０１０年に小社より文庫版で刊行された
『ネコが喜ぶ１０８の裏ワザ』を改題の上、
修正・再編集したものです。

編者紹介

ねこの気持ち研究会
「寝ても覚めても頭の中はねこのことでいっぱい」というねこ好き集団。ねことの共同生活歴数十年超えのメンバーたちを中心に、ねこと楽しく幸せに暮らせる方法を追求している。

ねこにかまってもらう究極《きゅうきょく》のツボ♡

2017年11月15日　第1刷

編　　者　ねこの気持《きも》ち研究会《けんきゅうかい》

発行者　小澤源太郎

責任編集　株式会社プライム涌光
電話　編集部　03(3203)2850

発行所　株式会社青春出版社
東京都新宿区若松町12番1号〒162-0056
振替番号　00190-7-98602
電話　営業部　03(3207)1916

印刷・大日本印刷　　製本・ナショナル製本

万一、落丁、乱丁がありました節は、お取りかえします

ISBN978-4-413-11235-2 C0077